口絵 1 マダニ雌成虫（左から，ヒメダニ科のクチビルカズキダニ *Carios capensis*，マダニ科のタカサゴキララマダニ *Amblyomma testudinarium*，フタトゲチマダニ *Haemaphysalis longicornis*，ヤマトマダニ *Ixodes ovatus*）．マダニ類はダニとしては大型の種が多く，体長 2～3 mm 程度，吸血時には 5～20 mm ほどになる．（本文 p.26 参照）

口絵 2 吸血して膨らんだマダニの雌成虫（左：キチマダニ *Haemaphysalis flava*，右：タヌキマダニ *Ixodes tanuki*）．（本文 p.32 参照）

口絵 3 アカツツガムシ *Leptotrombidium akamusi* の幼虫．国内でつつが虫病リケッチアを媒介する主要種．（本文 p.44 参照）

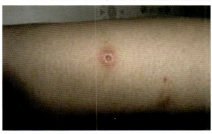

口絵 4 イエダニ *Ornithonyssus bacoti* 雌成虫（上）とそれによる皮膚炎（下）．体長 0.7 mm 程度．本来の宿主はネズミであり，ヒトを刺すのは偶発的．（本文 p.56 参照）

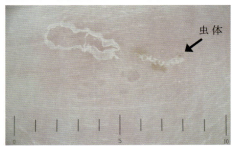

口絵 5 ヒゼンダニ *Sarcoptes scabiei* 雌成虫（上）と疥癬トンネル（下）．体長約 0.4 mm（上写真左の丸いものは卵）．下写真のスケールは 1 目盛り 1 mm．（本文 p.63 参照）

口絵7 ハナビラオニダニ
Nothrus anauniensis. 落ち葉を分解するダニで，道路の植え込みなどでもよくみられる．

口絵6 さまざまな土壌ダニの姿．左上：ハエダニ類（トゲダニ亜目），右上：ウデナガダニ類（トゲダニ亜目），左下：ヨロイダニ類（ケダニ亜目），右下：フトゲナガヒワダニ *Eohypochthonius crassisetiger*（ササラダニ亜目）．（本文 p.72 参照）

口絵8 昆虫に便乗するダニ．A：マエモンシデムシ体表に便乗するヤドリダニ科 *Poecilochirus carabi* complex 第2若虫，B：センチコガネ腹面に見られるハエダニ科の1種 *Macrocheles* sp. 雌（矢印），C：センチコガネ後翅，腹部背面に見られるコナダニ亜目の1種，D：ダイコクコガネの前胸背面に見られるヤドリダニ科第2若虫（矢印）．（本文 p.85 参照）

口絵9 水にすむダニの体型の多様性．A：沼にすむオヨギダニ属 *Hygrobates* の一種（球形），B：河川にすむケイリュウダニ属 *Torrenticola* の一種（背腹に扁平），C：砂の間隙中にすむナガボソダニ属 *Wandesia* の一種（細長い）．（本文 p.96 参照）

口絵10 水中でミジンコを捕えたオヨギダニ属の一種（写真提供：日本大学・永澤拓也氏）（本文 p.97 参照）

口絵11 ヤケヒョウヒダニ *Dermatophagoides pteronyssius*．屋内で見つかる最も主要なチリダニ類（本文 p.103 参照）

口絵12 植物上でみられるダニ．チャノホコリダニ *Polyphagotarsonemus latus*（A），ケボソナガヒシダニ *Agistemus terminalis*（B），チャノヒメハダニ *Brevipalpus obovatus*（C）およびカキサビダニ *Aceria diospyri*（D；上遠野原図）の成虫．（本文 p.123 参照）

口絵 13 ホウレンソウを加害するホウレンソウケナガコナダニ *Tyrophagus similis*（左）と新芽の被害（右）。雌成虫の体長は 400〜700 μm，雄成虫では 320〜550 μm．卵-幼虫-第 1 若虫-第 3 若虫-成虫と発育する．ヒポプス（第 2 若虫）は生じない．ホウレンソウ新芽に集中して寄生し，密度が高いときは新芽がすべて食害され芯止まりになる．（本文 p.140 参照）

口絵 14 ネギ地下部を加害するロビンネダニ *Rhizoglyphus robini*（中尾原図）．雌成虫の体長は 500〜1100 μm，雄成虫では 450〜720 μm．連作圃場や窒素過多の圃場で発生がよくみられる．腐敗病菌を伝搬し発病を誘発するとされるが，一次的な要因ではないという見解もある．（本文 p.140 参照）

口絵 15 カシノキマタハダニ *Schizotetranychus brevisetosus* の雌成虫と越冬卵．12 月に観察．赤く見えるのが雌成虫，オレンジの粒が越冬卵，黒い粒は糞．幼虫・若虫のステージがいないことが注目される．（本文 p.136 参照）

ダニのはなし

―人間との関わり―

島野智之・高久 元 [編]

朝倉書店

執筆者

*島野 智之	法政大学 自然科学センター／国際文化学部	
*髙久 元	北海道教育大学 教育学部	
青木 淳一	横浜国立大学名誉教授	
山内 健生	兵庫県立大学 自然・環境科学研究所／兵庫県立人と自然の博物館	
川端 寛樹	国立感染症研究所 細菌第一部	
安藤 秀二	国立感染症研究所 ウイルス第一部	
角坂 照貴	愛知医科大学 医学部	
髙岡 正敏	株式会社 ペストマネジメントラボ	
和田 康夫	赤穂市民病院 皮膚科	
松山 亮太	岐阜大学 大学院連合獣医学研究科	
髙田 歩	特定非営利活動法人 静岡県自然史博物館ネットワーク	
前田 太郎	農業生物資源研究所 昆虫科学研究領域	
坂本 佳子	国立環境研究所 生物・生態系環境研究センター	
安倍 弘	日本大学 生物資源科学部	
吉川 翠	都市居住環境研究所	
後藤 哲雄	茨城大学 農学部	
伊藤 桂	高知大学 農林海洋学部	
上杉 龍士	農業・食品産業技術総合研究機構 中央農業総合研究センター	
齊藤 美樹	北海道立総合研究機構 中央農業試験場	
森 直樹	京都大学 大学院農学研究科	
豊島 真吾	農業・食品産業技術総合研究機構 北海道農業研究センター	
天野 洋	京都大学 大学院農学研究科	
岸本 英成	農業・食品産業技術総合研究機構 果樹研究所	
矢野 修一	京都大学 大学院農学研究科	
五箇 公一	国立環境研究所 生物・生態系環境研究センター	

（執筆順，＊は編者）

まえがき

　普段の生活でダニの姿を見ることはほとんどありませんが，身のまわりにいることは，ときに過剰なまでに意識されています．目に見えないことで余計に不安や恐怖を感じるのかもしれませんが，確かに私たちの身の周りには害になるダニがおり，布団や畳・カーペットなどにいてアレルギーの原因になるもの，食品に入り込んで深刻なアレルギー症状を引き起こすもの，野外にいて吸血し病原性の細菌やウイルスを媒介するもの，農作物に大きな被害をもたらすものなどがあります．（2015年にノーベル医学・生理学賞を受賞された大村　智氏の受賞理由となった抗寄生虫薬「イベルメクチン」は，ヒゼンダニが引き起こす病気である疥癬の治療薬でもあります．）

　しかし，一方で，ダニの多くは自由生活性で，人には無害であったり，生態系のなかで重要な役割を担っていたり，あるいは直接，人間生活に恩恵をもたらすチーズ作りに関わるダニもいます．

　このように私たちの生活空間にはダニがそこかしこにみられ，有害・無害を問わずすべてのダニを排除するのは困難です．とすれば，過剰に恐れず，しかし被害を出さないように，上手にダニとつきあっていくしかありません．そのためには，まずはダニのことを正確に理解すること，そして害があるダニに対して的確な対策をとることが必要です．

　これまで日本語で書かれたダニ類の教科書としては，読み物や，分類中心のもの，難しい専門書しかなく，ダニに関する広い知識をわかりやすく解説した入門書はほとんどありませんでした．そこで，ダニに関わる各研究分野の専門家の先生方に正しい情報をわかりやすく，かつ，生活のなかで関わりのあるさまざまなダニの知識をある程度網羅して紹介していただき，多くの方々にダニについての正しい知識が浸透することを期待して，本書の企画に至りました．そしてこのたび，各研究分野の専門家の先生方25名のご協力を得て，刊行に至ることができました．本書をダニの教科書入門版として，一般読者の皆様，また衛生・医療，農業，工業，住宅設備など関連分野・産業に従事されている方々，さらに専門学校，大学，試験検査機関，研究機関・団体等の方々などに手に取っていただき，本書

から正しい知識を得て，普及・啓発にも活用していただければ幸いです．

なお，本書と同じ題名を冠する『ダニのはなし』は，これまでに青木（1968）と江原編（1990）の少なくとも2冊があります（巻末のリストをご参照ください）．出版社の依頼もあり，なかなか題名を変えることができず悩みましたが，あえてオマージュと考え直して，尊敬を込め，この題名を謹んで使わせていただくことにいたしました．

章見出し・コラムのワンポイントをはじめあちこちに掲載されている愉快なダニのイラストは西澤真樹子氏によるもので，温かいタッチとユーモアにより硬くなりがちな本書を和らげていただき感謝しております．また，朝倉書店編集部諸氏には本書の企画から刊行に至るまであらゆる面でたいへんお世話になりました．皆様方の熱意と努力に深く感謝いたします．

2015年12月

島野智之・高久　元

目　次

第1章　ダ　ニ　と　は……………〔青木淳一・島野智之・高久　元〕…1
1.1　ダニはどこにでもいる…………………………………………………1
1.2　身のまわりのダニ………………………………………………………4
1.3　ダニはなぜ問題となるか………………………………………………7
1.4　ダニとその親戚…………………………………………………………9
1.5　ダニの特徴……………………………………………………………13
1.6　ダニの生活史…………………………………………………………14
1.7　ダニ類の高次分類体系………………………………………………15
1.8　ダニ類の各亜目………………………………………………………20

第2章　病気を起こすダニ①（マダニ）……………………………26
2.1　マダニとは………………………………………〔山内健生〕…26
2.2　ダニ媒介性感染症………………………………〔川端寛樹〕…35

第3章　病気を起こすダニ②（ツツガムシ）………………………43
3.1　つつが虫病とは…………………………………〔安藤秀二〕…43
3.2　どんなツツガムシがいるか……………………〔角坂照貴〕…44
3.3　ツツガムシの生息場所と発育…………………〔角坂照貴〕…45
3.4　ヒトを刺すツツガムシと病原体の侵入………〔角坂照貴〕…46
3.5　つつが虫病の予防………………………………〔角坂照貴〕…50
3.6　海外のつつが虫病………………………………〔安藤秀二〕…50

第4章　病気を起こすダニ③（イエダニ，ヒゼンダニなど）…………53
4.1　人の体にダニがいる？…………………………〔髙岡正敏〕…53
4.2　身のまわりのダニ類による皮膚炎の被害……〔髙岡正敏〕…56
4.3　ヒゼンダニ………………………………………〔和田康夫〕…62

第5章　森のダニ①（分解者）　〔島野智之〕…70

5.1　人間の生活圏を離れてみよう……………………………… 70
5.2　のんびり森の落ち葉の下で暮らす，小さなダニ…………… 71
5.3　分解者としてのササラダニ類………………………………… 72
5.4　環境の指標生物としてのササラダニ類……………………… 77
5.5　ササラダニ類の生物多様性…………………………………… 77

第6章　森のダニ②（虫に乗るダニ）　〔高久　元〕…82

6.1　ダニの食性と生息場所の多様性……………………………… 82
6.2　便　乗　と　は………………………………………………… 84
6.3　昆虫との関係…………………………………………………… 86

第7章　水　の　ダ　ニ　〔安倍　弘〕…95

7.1　水にすむダニ類の分類群と形態……………………………… 95
7.2　水にすむダニ類の食性………………………………………… 97
7.3　水にすむダニ類の生息域……………………………………… 98
7.4　水にすむダニ類の生活史……………………………………… 99

第8章　住　の　ダ　ニ　〔吉川　翠〕…103

8.1　屋内のダニ……………………………………………………… 103
8.2　畳・絨毯とダニの関係………………………………………… 106
8.3　台所のダニ……………………………………………………… 110
8.4　季節とダニ問題………………………………………………… 112
8.5　思いもよらぬところにダニ…………………………………… 115
8.6　昔と今の住宅ダニ……………………………………………… 118
8.7　快適な住宅は安心か…………………………………………… 119

第9章　農業のダニ①（害になるダニ・葉上）　〔後藤哲雄〕…122

9.1　植物にはどんなダニがいるか —害になるダニと益をなすダニ— …… 122
9.2　害になるダニはどんな生活をしているか…………………… 123
9.3　殺ダニ剤と抵抗性の発達……………………………………… 128
9.4　海外からやってくる植物のダニ……………………………… 130

第 10 章　農業のダニ②（害になるダニ・土壌）……〔齊藤美樹〕…139
10.1　土壌中にはどんな害になるダニがいるか……………………………139
10.2　ホウレンソウケナガコナダニとロビンネダニ……………………141
10.3　害になる土壌ダニの防除……………………………………………142
10.4　ケナガコナダニによるキノコの被害………………………………143

第 11 章　農業のダニ③（防除に役立つダニ）…〔豊島真吾・天野　洋〕…148
11.1　ダニがダニを食べる……………………………………………………148
11.2　カブリダニの種類………………………………………………………149
11.3　カブリダニの発育と生殖生理………………………………………151
11.4　カブリダニの野外生態………………………………………………152
11.5　カブリダニの利用……………………………………………………153

第 12 章　ダ ニ と の 共 存……………………………〔青木淳一〕…160
12.1　ダニのいない環境はあるか？………………………………………160
12.2　動物の巣とヒトの家のダニ…………………………………………162
12.3　本物の「街のダニ」…………………………………………………164

む す び……………………………………………〔島野智之・高久　元〕…171
付録：ダニ学の教科書・参考書……………………〔島野智之・高久　元〕…173
索　　引………………………………………………………………………177

コラム目次

- Column 1 「ダニ」の語源 〔高久　元〕… 24
- Column 2 動物のヒゼンダニ ―「悪者」といわれるけど…― 〔松山亮太〕… 69
- Column 3 ケモチダニとは？ 〔髙田　歩〕… 80
- Column 4 ニホンミツバチが危ない ―アカリンダニの脅威― 〔前田太郎・坂本佳子〕… 93
- Column 5 ハダニの冬越し 〔伊藤　桂〕… 136
- Column 6 ナミハダニが移動分散する意味 〔上杉龍士〕… 138
- Column 7 ダニのケミストリー ―コナダニはレモンの香り？― 〔森　直樹〕… 145
- Column 8 さまざまなハダニの天敵類 〔岸本英成〕… 157
- Column 9 ハダニとカブリダニの攻防 ―"脇役"アリの意外な役割― 〔矢野修一〕… 158
- Column 10 ダニ学の可能性 〔五箇公一〕… 167

ダニの身体各部の名称

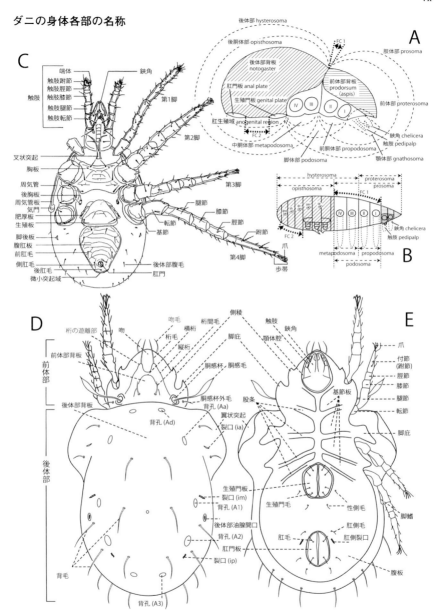

(A) 胸板類（Acariformes）における現在の体節の名称と（B）原始的な体節［Coineau（1974）をもとに，Krantz & Walter eds（2009），Walter & Proctor（2013）を参考に作図］，(C) 胸穴類（Parasitiformes）・トゲダニ亜目の腹面各部の名称，(D) 胸板類・ササラダニ亜目の背面，および(E) 腹面各部の名称［青木（1965），青木（1977）を改変］．〔島野智之・高久 元〕

鋏角亜門（ダニが属するクモガタ綱を含む）各グループの地質年代上の出現時期

Dunlop (2010) を改変，イラストはBrusca & Brusca (2003) を参考に作図〔島野智之・髙久　元〕

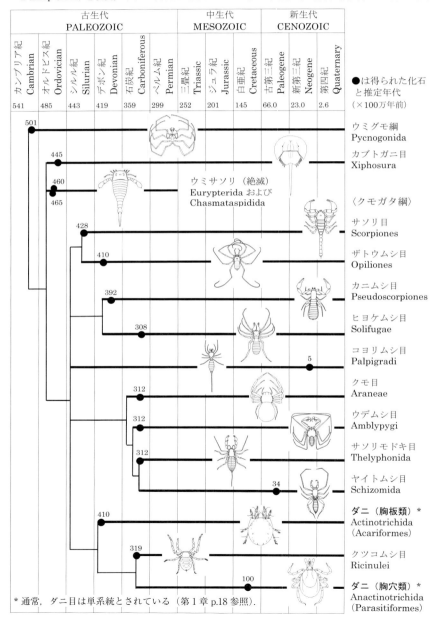

* 通常，ダニ目は単系統とされている（第1章 p.18 参照）.

第 1 章
ダニとは

1.1 ダニはどこにでもいる

　ダニと聞くと，だれもが顔をしかめる．人畜にたかって血を吸う，あのいやな寄生虫を想い浮かべるからである．しかし，実際に調べてみると，寄生性のものはダニ全体からみれば一部に限られ，それよりもはるかに多くのものが非寄生性（自活性，自由生活性）であることがわかった．そもそも，ダニがこの地球上に出現したのは，発見された最も古いダニ化石から，古生代のデボン紀（約4億2千万年前〜3億6千万年前）であるという．その頃，鳥獣はおろか，恐竜すらまだ出現していないから，たかる相手もいないのである．その化石ダニは形態的特徴から，現生のケダニ類に近いものであり，そうなるとダニの祖先は捕食性，つまり他の小さな虫などを捕えて食べていたらしい．つまり，自活性のダニだったのである．

　このように生物として長い歴史を刻んできたダニは，地球上のいたるところにすみついている．先祖を同じくするサソリやサソリモドキが主として熱帯から亜熱帯にかけて分布するのに対し，ダニは熱帯から寒帯まで，つまり赤道直下から南極・北極まで生息する．高度別にみても，海岸近くから高山帯，ヒマラヤの高地にまで生息している．陸地では森林や草原のほか，人間の手の入った農地や都市環境，さらには人家の中にまで生息の場を広げている．水の中にもミズダニがいて，湖，沼，河，渓流などにすみつき，湯の温度が40℃を超える温泉の中にすらオンセンダニが見出される．洞穴の中にも真っ白な幽霊のようなダニが見つかる．

　それでは，ダニが生息していない環境というのは，あるのだろうか．よく調べてみると，陸上ではただ1ヶ所，現在も噴火している活火山の火口の中，ここに

はさすがにダニもすめないようだ．ダニは低温には強いが，高温にはきわめて弱い．コナダニでの実験では，60℃・1分間または45℃・15分間で死滅する．しかも，噴火口の中にはダニの餌となる有機物がない．

海洋にもダニは生息している．潮の干満で水没する岩に付着したカキの殻の隙間には，ササラダニの一種ウミノロダニがみられる．また，深海にすむダニも知られており，ウシオダニの仲間は，伊豆半島から小笠原諸島までの間の水深約7000mで見つかっている．深海の地底あるいは有機質にくっついて，上から落ちてくる藻類，あるいは線虫などの微小な動物を食べているらしい．気管はなく，身体が小さいので，酸素は皮膚を通して水中から直接取り込むと考えられている．

祖先をたどると太古の海生生物ウミサソリに行き着くとされるクモ，ダニ，サ

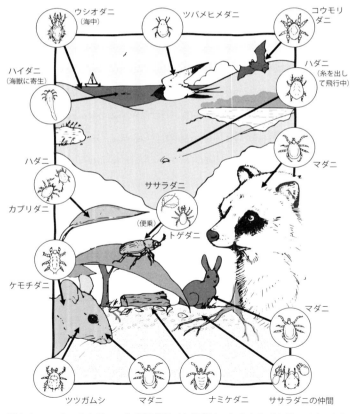

図1.1a いろいろなダニの生息場所①（自然環境；名前をあげた種はごく一例）

図 1.1b いろいろなダニの生息場所②（人間環境；名前をあげた種はごく一例）

ソリなどのグループは，陸上に進出することで繁栄をとげたが，ダニのなかには再び海中生活に回帰するものが現われている．一方，同様に海生の祖先をもち陸上でめざましい繁栄をとげた昆虫類は，本格的に海洋に進出するにはいたっていない（海岸の潮だまりではウミアメンボを見ることができるが）．よって，あらゆる環境に適応するという能力では，ダニは昆虫すらしのいでいるといえる．

しばしば誤解されることがあるが，ダニは昆虫ではない．節足動物門のクモガタ綱（蛛形綱）を構成する 11 の目のなかの 1 つの目を構成する．ダニ目以外の 10 目（サソリ目，クモ目，カニムシ目など）がすべて生きた虫を捕えて食べる捕食性であるのに，ダニ目だけは捕食性（肉食性）のほかに，寄生性，植食性，菌食性，腐食性などさまざまな食性を示し，体が小さいこともあって，地球上のあ

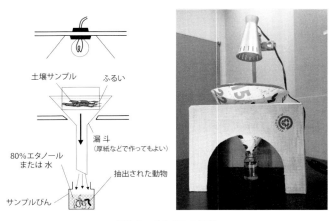

図 1.2 ツルグレン装置

らゆる環境の隙間にもぐりこんで生活することができる．つまり，おおげさな言い方に聞こえるかもしれないが，「この地球上はダニだらけ」なのである．

ダニの存在は知っていても，ダニを実際に見たことのない人も多い．しかし，ダニを見ようと思えば，簡単にできる．ただし，特別な装置を手製でつくる必要がある．図 1.2 にみられるように，ダンボール箱に円い穴をあけ，ケント紙などのやや厚手の紙で作ったメガホン形の紙筒をその穴に差し込み，その上にざるを載せ，上から白熱電球（40～60 W）で照射するようにする．紙筒の下端は直径が 1～2 cm の穴になるようにはさみで切り，その下に水を入れた下受けびんを置く．これで装置（ツルグレン装置）はできあがり．あとは，お宅の庭でもよし，道路際の植え込みでもよし，地面に積もった腐りかけの落葉をひとつかみ取ってきて，装置のざるの中に入れ，電球を点灯する．1 日経って下受けびんのなかをルーペでのぞくと，トビムシに混じってダニがたくさん水の表面を歩き回り，またはびんの底に沈んでうごめいているのが観察される．できれば，実体顕微鏡があると，もっと迫力のあるダニの生きた姿が楽しめる．

1.2　身のまわりのダニ

1.2.1　イエダニ

ダニはどこにでもいるといった以上，私たちの身のまわり，すなわち人の生活

の場にも見出されるはずである．まず，家の中でダニを探してみよう．ひと昔前は，家の中のダニといえばイエダニ Ornithonyssus bacoti（オオサシダニ科）と決まっていた．しかし，今はイエダニのいる家は少なくなった．なぜなら，日本の住居の形態が変わり，天井裏のある家が少なくなって，イエダニの本来の寄主であるネズミが少なくなってきたからである．もっと正確にいえば，下水などで生活するドブネズミは増えたものの，建物内にすみつくクマネズミが減ったからである．天井裏のある従来の日本家屋にはイエダニがいる可能性があり，その場合にはガーゼにくるんだドライアイスを天井裏に置けば，イエダニが集まってきて簡単に捕獲できる．イエダニはドライアイスから発生する炭酸ガスをネズミの呼気と勘違いして寄ってくるのである．このように，イエダニはもともとヒトの寄生虫ではなく，本来ネズミにたかるダニなのである．ツルツルしたヒトの肌よりも，毛深いネズミの体表の方が付き心地がいいのであろう．ヒトを刺すのは，よほど空腹で困ったときらしい．

1.2.2 コナダニとツメダニ

現代の日本家屋は様変わりし，天井裏，のき，ひさし，障子，ふすまなどがなくなり，窓はアルミサッシでぴったりと密閉されるようになった．じつは，この住居形態の変化が新たなダニの発生を招いたのである．のき，ひさし，濡れ縁などで雨や直射日光の侵入を防ぎながら，風通しをよくし，障子や漆喰の壁で湿度調節をするという，湿潤な日本の気候に応じた日本建築のみごとな知恵を私たちは何の惜し気もなく捨て去ってしまった．しかも，このような洋風建築を取り入れながらも，畳だけは捨てきれない日本の家．その結果，何が起こったか．ダニの大発生である．そのダニはかつてのイエダニではなく，空気の流れの少ない密閉された環境が大好きなコナダニ類（コナダニ亜目に所属する貯穀害虫となるダニの総称），チリダニ類（チリダニ科：コナダニ亜目に所属），ツメダニ類（ツメダニ科：ケダニ亜目に所属）など非寄生性のダニたちである．

まず，コナダニは台所の貯蔵食品に発生する．米，小麦粉，砂糖，パン粉，粉ミルク，煮干し，削り節，チーズ，ビスケット，チョコレートなど，一度に食べずに保存しておく食品にダニがわきやすい．たいていの主婦は，開封した袋の口をねじって輪ゴムでしばったり，洗濯バサミで止めたりする．そのような状態では，コナダニが簡単に侵入してしまい，たちまち繁殖して数を増やす．食品の袋からはい出したコナダニの多くは畳へも移動する．コナダニにとって畳床の藁は

貯蔵食品と同じように栄養源になる．特に新しい畳は水分も栄養分も多いため，コナダニが発生しやすい．一般には，汚れた古い畳の方がダニがわきやすいと思われているが，大きな間違いである．ダニがわいたからといって，何度も畳を新しいものに取り換えていたら，ダニは減ることはない．古い畳をもらってきて，畳表だけ新しくするのが最良の知恵である．こんなことをいうと畳屋さんに怒られそうなので，最近の新しい畳は高周波熱処理機や薬剤処理によってダニの駆除がなされていることが多くなったことを付記しておく．

コナダニにはケナガコナダニ *Tyrophagus putrescentiae*（コナダニ科：多くの貯蔵食品），サトウダニ *Carpoglyphus lactis*（サトウダニ科：砂糖，味噌），コウノホシカダニ *Lardoglyphus konoi*（ホシカダニ科：乾燥魚介類，煮干し），サヤアシニクダニ *Glycyphagus destructor*（ニクダニ科：貯穀）などたくさんの種類があるが，どれもヒトを刺したり吸血したりはしない．コナダニだけが大発生した畳の上に寝ても，かゆくなることはない．しかし，困ったことにコナダニが大発生したところには，どこからともなくツメダニという捕食性のダニがやってきて，さかんにコナダニを食べ始める．畳に発生するものとしては，ホソツメダニ *Cheyletus eruditus*，フトツメダニ *Cheyletus fortis*，アシナガツメダニ *Cheletomorpha lepidopterorum* など数種類がある．コナダニはきわめてのろまな動きしかできないが，ツメダニはすばしこく走るので，コナダニは簡単に捕えられて食われてしまう．つまり，ツメダニはコナダニの天敵であって，人間にとってありがたいものであるはずだが，これが時たまヒトを刺すので，かゆみを起こさせるのである．イエダニの場合と違って，ツメダニには人体の露出した部分，つまり腕，足首，首筋などが刺されやすい．梅雨時にコナダニが大発生した後，少し時期をずらして8月ごろにツメダニの発生のピークがあり，ヒトに対する被害も多くなるようである．

1.2.3 チリダニ（ヒョウヒダニ）

もう1つの厄介者はチリダニ類（チリダニ科：ヒョウヒダニ類ともいう）である．これにもイエチリダニ *Hirstia domicola*，ヤケヒョウヒダニ *Dermatophagoides pteronyssinus*，コナヒョウヒダニ *Dermatophagoides farinae* などいくつかの種類があるが，これらは貯蔵食品にわくのではなく，室内の塵の中に生息する．彼らの栄養源はヒトのはがれた皮膚，特にふけ，かさぶた，鼻くそなど，ヒトの身体から落下するものである．コナダニが畳に多く生息しているのと違い，チリダ

類は板敷きの部屋やベッド（特に枕の下）に生息する．畳にこだわらず，ふけなどを落とす人間が多く集まる場所，たとえば学校の教室，映画館，電車やバスのシートなどから多く発見される．かれらの生態からして，特にヒトには害がなさそうであるが，じつはチリダニの死骸，脱皮殻，糞などがヒトのアレルギー性気管支喘息の原因物質になるのである．喘息もちでない人にとっては別にどうということはないダニであるが，喘息患者にとっては大問題である．チリダニが潜みやすい絨毯を取り外したり，ぬいぐるみを捨てたり，特殊な掃除機を使ったり，たいへんな苦労を強いられる．

1.3 ダニはなぜ問題となるか

　日本から知られているダニは約230科，すべての種数は約2000種になる．このうち，人間の血を吸って問題となる主要なダニは，日本には7科・20種と見積もってみた．すると，日本産のダニのうち，科なら全体の3%，種ならわずか0.9%となる（科は多くの属を含み，属は多くの種を含む．したがって，科で割合を計算すると，関係のない多くの種を含むことになるので当然割合は増えてしまう）．次に，血を吸ったり深刻な咬傷例をもつダニあるいは人間の身体に寄生するダニは14科で全体の6%，種では73種で3%となる．さらに穀物害虫などを含む人間の生活圏（住居環境）などに生息する有害なダニも数えると，20科で9%となる．また，もっと範囲を広げて，人間の経済活動に影響を与える農業被害をもたらすダニ等も含むと44科で19%となる．

　日本に生息するすべてのダニのうち，どのように多く見積もっても人間に害を及ぼすダニは科のレベルで約20%にしかならない．すると，人間とまったく関係のないダニは80%もいることになる．人間とまったく関係のないダニの研究は，当然ながらあまり進んでいないので，無関係のダニ（自活性）の種には，当然名前もついていない未知のダニが多いことが予想され，これから，まだまだたくさんの種類が発見されることになるだろう．

　さて，人間が地球上に現れる以前から，ダニは地上のほぼすべての場所にいた．そうならば，人間のそばにもいつもダニがいて当然である．悪いダニ（害になるダニ）もいれば，良いダニもいる．

　人間の皮膚は，昼間に約1g，夜間に2〜3g，1日に4gがはがれ落ちているそうだ．お風呂に入っていたとしても，ヒトでいる限り，多かれ少なかれ皮膚はは

表1.1 日本において人間，家畜，農作物に害を与えるダニ，人間の住居やその付近に生息するダニ，あるいは有害なダニ（昆虫）を駆除する有益なダニ

上　目	亜　目	科	○：おもな住居のダニ
胸穴類 Parasitiformes	マダニ亜目 Ixodida	マダニ科　Ixodidae ヒメダニ科　Argasidae	○（ペットなど） ○（鳥の巣）
	トゲダニ亜目 Gamasida ／Mesostigmata	ワクモ科　Dermanyssidae トゲダニ科　Laelapidae オオサシダニ科　Macronyssidae （イエダニ類を含む） カブリダニ科　Phytoseiidae ◎	○（鳥の巣） ○（鳥の巣・ネズミなど）
胸板類 Acariformes	ケダニ亜目 Prostigmata	ニキビダニ科　Demodicidae ツメダニ科　Cheyletidae ヒツジツメダニ科　Psorergatidae ケモチダニ科　Myobiidae ツツガムシ科　Trombiculidae レーウェンフェク科　Leeuwenhoekiidae シラミダニ科　Pyemotidae タカラダニ科　Erythraeidae フシダニ科　Eriophyidae ナガクダフシダニ科　Phytoptidae ハリナガフシダニ科　Diptilomiopidae ホコリダニ科　Tarsonemidae テングダニ科　Bdellidae ハモリダニ科　Anystidae ナガヒシダニ科　Stigmaeidae ヒメハダニ科　Tenuipalpidae ハダニ科　Tetranychidae ケナガハダニ科　Tuckerellidae ミドリハシリダニ科　Penthaleidae コハリダニ科　Tydeidae ハリクチダニ科　Raphignathidae	○ ○ ○ （○）* ○
	ササラダニ亜目 Oribatida	イエササラダニ科　Haplochthoniidae カザリヒワダニ科　Cosmochthoniidae	○ ○
	コナダニ亜目 Astigmata	ヒゼンダニ科　Sarcoptidae ウモウダニ科　Analgidae チリダニ科　Pyroglyphidae （ヒョウヒダニ類を含む） サトウダニ科　Carpoglyphidae ニクダニ科　Glycyphagidae タマニクダニ科　Echimyopodidae ホシカダニ科　Lardoglyphidae チビコナダニ科　Suidasiidae コナダニ科　Acaridae	○ ○ ○ ○ ○ ○ ○ ○

◎：有害なダニ（昆虫）を駆除する有益なダニ．　*：カベアナタカラダニのみが住居付近でみられる．

がれ落ち，それがダニのエサになる．人間がいるところ，常にダニがいるのは，こういう例からもわかる．

　もっとも，マダニ類やツツガムシ類といった人間にとって悪いダニはやはり困る．吸血したり，病気を媒介したりするようなダニには対策が必要だ．

　ダニをすべて人間のまわりから駆除することは不可能である以上，悪いダニに対しては適切に対応して，ダニたちと上手につきあうしかないだろう．

1.4　ダニとその親戚

　分類上の大きなくくりからいうと，ダニは節足動物門に属する．つまり，足（脚）に節がある仲間に入る．さらに節足動物門は，鋏角亜門（サソリ・クモ・ダニなど），多足亜門（ムカデ・ヤスデなど），甲殻亜門（エビ・カニ・ワラジムシなど），六脚亜門（セミ・チョウ・カブトムシ・バッタなど）などに分けられる．ダニはこのうちの鋏角亜門に属する．すなわち，ダニは節足動物ではあるが，昆虫ではない．やはりいやな虫として嫌われているノミ・シラミ・ナンキンムシ・カ・ブユ・ハエはみんな昆虫であるが，ダニだけは昆虫ではないのである（図1.3）．では，何の仲間かというと，サソリやクモの仲間ということになる．あまり知られている動物ではないが，カニムシ・ザトウムシ・サソリモドキなどもダニと同じ仲間である．これらをひっくるめて蛛形綱という．「蛛」という漢字が

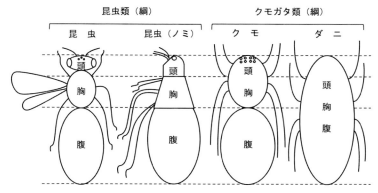

図1.3　昆虫類（昆虫綱）とクモガタ類（クモガタ綱）の身体の構造（ノミは側面，他は背面の模式図）
　ノミとダニが混同されることがあるが，ノミも昆虫の仲間である（翅が退化している）．クモは頭胸部と腹部が区別される．一方，ダニに頭・胸・腹の区別はない．

難しく，常用漢字表にもないので，最近はクモガタ綱（クモ形綱，あるいは単にクモ綱）と呼ぶことが多くなった．これらの動物の特徴は，足が8本（昆虫では6本），触角がなく，複眼もなく，翅（はね）もない．胴体も昆虫と違って頭・胸・腹がはっきりと分かれておらず，頭と胸が融合して頭胸部を形成し，腹が区別される．以下，ダニの親戚，つまりクモガタ綱に含まれる11目のうち，日本産の8目について簡単に紹介する．

1.4.1 ザトウムシ目

以前は盲蛛目（メクラグモ目）といったが，「盲」は差別用語だということから，ザトウムシ（座頭虫）に改名された．頭・胸・腹が固着して動かず，1対の眼は頭胸部の中央に位置する．糸のように長い8本の足のうち，第2脚が一番長く，これを触角のように振りながら第1，第3，第4脚を使ってゆっくりと歩行する．そのよたよたとした歩き方から，上記の名がつけられたのである．暗い森林の苔むした大木の幹などで見つかることが多いが，落ち葉の下にも足の短いタイプの種が生息している．雑食性で，生きた虫，虫の死骸，花粉などいろいろなものを食べ，ハイカーが捨てた残飯などにたかっていることもある．日本に約80種．

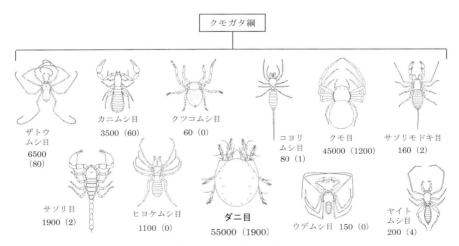

図1.4　クモガタ綱の各目
数字はおおよその種数（括弧内は日本産種数）．Evans *et al.* (1961)，大島（1977），江原（1980）を参考に作図し，種数に関してはHarvey (2003) およびZhang (2013) を参照した．

1.4.2　サソリ目

クモガタ綱の祖先といわれるもの．一般には毒をもった恐ろしい動物と思われている．8本足の前方に触肢が変形した大きな鋏(はさみ)があり，頭胸の中央に1対，側縁に数対の眼がある．長い尻尾の先端には毒嚢と毒針がある．日本には生息しないと勘違いしている向きもあるが，琉球列島の先島諸島には土着のサソリがおり，ヤエヤマサソリが石垣島・西表島・宮古島・多良間島に，マダラサソリが石垣島・西表島に生息する．いずれも毒は弱く，刺されても命にかかわることはない．しかし，横浜や神戸の港には，ときとして熱帯地方からの積み荷に隠れて大型の猛毒サソリが上陸してくることがある．日本産2種．

1.4.3　ダ　ニ　目

頭・胸・腹が完全に融合して一体となっており，一部のものを除いて眼がない．最大のもので体長2.5 cm（南米のgiant velvet mite）から最小0.13 mm（ヒサシダニ類）まであるが，多くは体長0.5 mm前後，他のクモガタ類に比べてはるかに小型である．体はコナダニのように柔らかいもの，マダニのように皮質のもの，ササラダニのように硬い殻をもつものなど，さまざまである．その他，形態や生態の特徴は次項以降で詳しく述べる．種数はきわめて多く，日本産約1900種．

1.4.4　カニムシ目

その名のように，体前方にカニと同じような，触肢が変形した大きな鋏（はさみ）と鋏角が変形した鋏をもつ．頭・胸・腹は固着して動かず，頭胸部の前より側縁に1～2対の単眼をもつ．あたかもサソリの尻尾を取り除いたような姿をしているが，サソリよりもずっと小型で，体長0.8～7 mm，多くは1～3 mmである．触肢の鋏には毒腺があって，トビムシなどの小さい虫を捕まえると毒液を注入し，麻痺させてから食べる．地上にもいるが，多くの種は落葉下や土壌表層部に生息する．敵に出会うとすばやく後退する性質があるので，一名アトビサリとも呼ばれる．日本産約60種．

1.4.5　コヨリムシ目

紙縒(こより)のような長い尻尾をもつので，この名がついた．サソリに似るが，白色ではるかに小さい（体長2 mm前後）．触肢が非常に長く，足のようなので，全部で

10本の足があるように見える．第1脚が最も長く，触角の役目を果たす．長い尾部はサソリのように頑丈ではなく，またサソリモドキのように細くもなく，14〜15節からなる．鋏角はよく発達し，捕食性または卵食性と考えられる．日本からは正式に論文上で記録されてはいないが，1971年に石垣島の土壌中から採集され，書物には図とともに解説されている（青木，1973）．日本産1種．

1.4.6　クモ目

クモガタ綱のなかでは最もなじみ深い動物である．最大の特徴は頭胸部と腹部の間がはっきりとくびれており，細く短い腹柄で連結されていることである．原始的な仲間（キムラグモなど）を除いて腹部には節がない．頭胸部の前方には通常8個（ときに4または6個）の単眼が2列に配列されている．オスの触肢はよく発達し，先端が丸く膨らみ，交接時に役立つ．腹部末端には出糸突起があって，糸を出し，餌の捕獲，卵の保護，住居，歩行などさまざまな目的に使われる．生息場所は樹上，草間，地表，落葉下，土壌中などさまざま．円網，棚網などの網を張るものが目立つが，網を張らずに地表や落葉下を徘徊するものもある．日本の毒クモとしては琉球列島にホルストジョウゴグモがおり，ときにセアカゴケグモなどの有毒クモが日本に侵入し，話題となる．日本産約1200種．

1.4.7　サソリモドキ目

姿がサソリにそっくりであるが，尻尾は糸状に細く，毒腺をもたない．鞭（むち）のような尾をもっているので，「ムチサソリ」とも呼ばれる．体長は最大4.2 cmに達し，触肢が強大な鋏状になっており，いかにも恐ろしげな姿をしているが，有毒ではない．ただ，危険を感ずると強い酢酸臭のある液体を放出する．昼間は石や倒木の下などに潜み，夜間に活動し，虫を捕食する．タイワンサソリモドキが台湾から先島諸島に，アマミサソリモドキが奄美大島から九州にかけて分布するが，たまに本州各地でも散発的に見出される．日本産2種．

1.4.8　ヤイトムシ目

腹部末端に丸みを帯びた短い尻尾があり，その形が灸（やいと），すなわちお灸（きゅう）の形に似ているところから名づけられた．体長3〜7 mm，第1脚がたいへんに長い．日本の亜熱帯，すなわち琉球列島，大東諸島，小笠原諸島に分布する．細長いクモのような姿をしているが，歩き方はゆっくりである．日本産4種．

1.5 ダニの特徴

1.5.1 形態的特徴

ここまでダニの親戚筋にあたる動物の特徴を述べたが，ダニを区別する最大の形態的特徴は①体がきわめて小さいこと，②頭・胸・腹が完全に固着融合して一体化していること，③腹部に節がないこと（アシナガダニ亜目は例外），の3点である．また，クモガタ綱に属することから触角や翅がないのは当然であるが，マダニ亜目や，ケダニ亜目の一部（ハダニ・タカラダニ・ナミケダニ・ミズダニなど）を除いて，眼をもたないものが多いことも特徴である．眼がある場合には，胴体の前方寄りの側縁に1～2対の簡単な構造の単眼がある．胸板上目のうちケダニ亜目では，前体部の前端中心に，ササラダニ亜目では後体部前縁の中心に二次的な眼が1つだけあり，ササラダニ亜目の場合には側縁の眼は退化していることが多い．口器の構造は「噛み型」のものが多いが，動植物に寄生するものでは「吸引型」に変形している．雌雄は腹面の生殖門の形を見れば区別できるが，ササラダニでは雌雄を外形的に区別できない．脚は基本的に根本から基節・転節・腿節・膝節・脛節・蹠節・爪となり，爪数は1～3本．基節が腹面の胸穴から出て自由に動くタイプ（胸穴上目：マダニ亜目，トゲダニ亜目など）と基節が胸板となって固定されているタイプ（胸板上目：ケダニ亜目，ササラダニ亜目，コナダニ亜目）の2つのタイプがあり，それをもとにダニ全体を2つの群に大別する考えもある．本書の巻頭（目次の後）にダニの身体各部・領域の名称，および原始的な体節構造からの進化仮説を示しているので参照されたい．

1.5.2 生態的特徴

ダニの特徴はむしろその生態的（生物学的）特徴にある．クモガタ綱の他のすべての目が例外なく生きた虫を捕食する肉食性であるのに対して（たとえば，葉を食べるクモ，寄生性のサソリなどは聞いたこともない），ダニの食性はきわめて多岐にわたり，肉食性，寄生性，植食性，腐食性，菌食性などさまざまである．それに伴って，生息環境もきわめて広範囲にわたり，赤道直下から極地まで，森林も原生林から二次林，人工林，果樹園，公園緑地まで，草原，湿原，畑地，洞穴，湖沼，河川，海岸まで，およそダニが生息できない場所はない．そのためか，他のクモガタ綱の目（もく）が世界に数十種からせいぜい数千種にとどまってい

るのに対して，ダニ目とクモ目だけが4万～6万種に達している．クモがこの地球上で大発展したのは生活に糸を使ったからだと考えられるが，ダニの大発展の原因は何だろうか．おそらくは，体が小さかったために，あらゆる場所の隙間にもぐりこみ，さまざまな環境を利用できたからかもしれない．

　ダニはきわめて微小な動物であるにもかかわらず，雌雄がきちんと区別される．ダニよりもはるかに体が大きいミミズやカタツムリでは雌雄の区別がなく雌雄同体であることを想えば，ダニが雌雄異体であることははっきりと述べておく必要があろう．多くの場合雌雄の差は形態に現れる．たとえば，マダニ類では雄の背板が身体の前半のみを覆うが，雌の背板はほぼ体全体を覆う．トゲダニ類では雄の腹板が肛門まで取り込んでいるのに対し，雌の腹板は分離した別の腹板が肛門を取り込んでいる．ウモウダニ類では雄の第3脚が異常に太くなっていることが多い．ササラダニ類では外形的に雄雌の区別がなく，雄雌が交接をすることなく，雄が精子の入った精包を置いていき，それを雌が見つけて体内の取り込むという受精方法をとる．あるものでは雄がみられず，雌だけで単為生殖を行う場合があり，ササラダニ類でしばしばみられる．

1.6　ダニの生活史

　卵から孵化した幼虫は3対6本脚である．幼虫は脱皮して4対8本脚の若虫になる（図1.5）．ただし，フシダニ科の幼虫の脚は2対で，成虫になっても2対の脚のまま一生を終える．若虫のステージは3期あることが多く，それぞれ第1若虫，第2若虫，第3若虫と呼ばれるが，1期または2期しかないものもあり，ダニ類の生活史はきわめて多様である．若虫期が1回，あるいは2回しかないものには，しばしば不活動の休止期があり，これを補っていると考えられている（図1.6）．

　ササラダニでは，生殖門の内側には短く先膨れの棍棒状の吸盤が対をなして存在するが，これが第1若虫では1対，第2若虫では2対，第3若虫では3対と決まっているので，若虫期の判定は容易にできる（成虫も3対）（図1.5参照）．多くの昆虫類と異なり，幼虫，若虫，成虫の住み場所や食性は同じである．しかし，寄生性のダニではツツガムシ，タカラダニ，ミズダニのように，幼虫の時期のみ寄生生活をし，成虫になると自由生活をする場合がある．

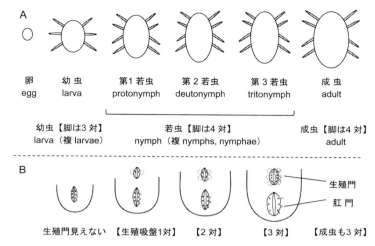

図 1.5 ダニ類全体に共通のステージの呼称と脚の数（A），およびササラダニを例としたステージ別の生殖吸盤（点線丸）の数（B）

> (1) 卵 → 幼虫 → 第1若虫 → 第2若虫* → 第3若虫 → 成虫
> (2) 卵 → 幼虫 → 第1若虫 → 第2若虫 → 成虫
> (3) 卵 → 幼虫 → 成虫
> (4) 成虫(卵胎性) → 幼虫 → 第1若虫 → 第2若虫 → 第3若虫 → 成虫
> (5) 成虫 → 成虫

図 1.6 さまざまなダニの生活史

(1) 多くのササラダニ亜目とコナダニ亜目（*：コナダニ亜目では，第2若虫のステージで以降はヒポプスと呼ばれた便乗のための特殊な形態をとる.）
(2) 多くのケダニ亜目とトゲダニ亜目
(3) ほとんどのムシツキダニ類（トゲダニ亜目）と多くのマダニ亜目
(4) 卵胎生（卵が体内で孵化し，幼虫を産み落とす．ササラダニ亜目のヤチモンツキダニなど．ほかにコナダニ亜目の一部）
(5) シラミダニ（卵は親の体内で成虫にまで発育し，交尾まで行ってから外界に出てくる）

1.7 ダニ類の高次分類体系

1.7.1 これまでのダニ類の高次分類体系

ダニ類の高次分類群やその呼称については，何回かの変遷を経てきている．か

表 1.2 ダニ類における上位分類群として提案されたさまざまな体系（島野，2015 を改変）

	ダニ目　Acari			
	I.　胸穴類／パラシティフォルメス　Parasitiformes 脚の基部は明瞭でかつ可動			
本書の体系 一般的な体系（接尾語 -ida）を基本とする．（　）内も使われることがある．	(1) アシナガダニ亜目 Opilioacarida	(2) カタダニ亜目 Holothyrida	(3) マダニ亜目 Ixodida	(4) トゲダニ亜目 Gamasida （＝ Mesostigmata）
	ダニ目　Acari			
	1.　単毛類　Anactinotrichida			
従来の体系 （接尾語 -stigmata）	(1) 多（背）気門亜目 Notostigmata	(2) 四気門亜目 Tetrastigmata	(3) 後気門亜目 Metastigmata	(4) 中気門亜目 Mesostigmata （＝ヤドリダニ類）
	ダニ亜綱　Acari			
	I.　胸穴上目　Parasitiformes			
Krantz & Walter eds (2009)	A. アシナガダニ目 Opilioacarida	B. カタダニ目 Holothyrida	C. マダニ目 Ixodida	D. トゲダニ目 Mesostigmata (A) ネッタイダニ亜目 　Sejida (B) ミツイタトゲダニ亜目 　Trigynaspida (C) タンバントゲダニ亜目 　Monogynaspida
日本に生息するか	未発見	未発見	生息する	生息する

特に，Heterostigmata／Tarsonemida は，Woolley (1988)，Hammen (1989)，Evans (1992) などに基づいて亜

つてダニ目は，気門の数や位置に基づいて多気門亜目，四気門亜目，後気門亜目，中気門亜目，前気門亜目，隠気門亜目，無気門亜目の7目に分類されていたが，その後それぞれ，アシナガダニ亜目，カタダニ亜目，マダニ亜目，トゲダニ亜目，ケダニ亜目，ササラダニ亜目，コナダニ亜目と呼称が変えられた．本書では，後者の分類と呼称を採用している（表 1.2）．

以前より，ダニ類を Baker & Wharton (1952) のようにダニ目として目の分類単位にまとめるとする意見と，Evans et al. (1961) のように1段階上の亜綱とする意見があった．Krantz (1978) は亜綱とし，それをパラシティフォルメス目 Parasitiformes とアカリフォルメス目 Acariformes の2目に分かち，前者にアシナガダニ，カタダニ，トゲダニ，マダニのなかま，後者にケダニ，ササラダニ，コナダニのなかまを所属させた．また，Hammen (1972) や Evans (1992) はさらに前者を単毛上目 Anactinotrichida，後者を複毛上目 Actinotrichida に格上げした．Krantz & Walter (2009) の最も最近の分類体系では，ダニ亜綱の下に胸

II. 胸板類／アカリフォルメス Acariformes		
脚の基部は胴部と融合し固着		
(5) **ケダニ亜目 Prostigmata** (= Actinedida)	(6) **ササラダニ亜目** Oribatida	(7) **コナダニ亜目** Astigmata (= Acaridida)

2. 複毛類 Actinotrichida			
(5) 前気門亜目 Prostigmata		(7) 隠気門亜目 Cryptostigmata (= Oribatei)	(8) 無気門亜目 Astigmata
	(6) 異気門亜目 ホコリダニ亜目 Heterostigmata Tarsonemida (=ホコリダニ類)		

II. 胸板上目 Acariformes				
A. ケダニ目 Trombidiformes		B. ササラダニ目 Sarcoptiformes		
A) クシゲチビダニ亜目 Sphaerolichida	(B) ケダニ亜目 Prostigmata	(A) ニセササラダニ亜目 Endeostigmata	(B) ササラダニ亜目 Oribatida	
	(b) ムシツキダニ団 Heterostigmata			(c) コナダニ団 Astigmatina (Astigmata)
生息する	生息する	生息する	生息する	生息する

扱いも示した.

　穴上目 Parasitiformes と胸板上目 Acariformes を置き，前者にアシナガダニ目，カタダニ目，マダニ目，トゲダニ目を，後者にケダニ目，ササラダニ目を入れた．ここで注意すべきはコナダニ目という単位がなくなってしまい，それはコナダニ団としてササラダニ目のなかの1つの団の単位に格下げされていることである．あわせて，今までケダニの中に含まれていたアミメウスイロダニ，ヒモダニ，シリマルダニ，ニセアギトダニなどのなかまはニセササラダニ亜目としてササラダニ目の中に編入された．

　結局のところ，本書では，冒頭に述べたように，ダニ類をダニ亜綱ではなく，あえてダニ目として扱う方式に従うことにした．その理由は，最新の分類体系がなかなか理解しにくく，日本の研究者には受け入れがたい点があり，また応用分野の方々には不慣れであることなどである．さらに，日本で出版されている『ダニ類図鑑』(江原, 1980) をはじめとする多くの書籍はこの体系に基づいているからである．ただし，ダニ目とそれぞれの亜目の間に，胸穴類 Parasitiformes と胸

板類 Acariformes という区別は用いた．以下に示す遺伝子配列情報等からも，ほぼ認められてきているからである．

1.7.2 ダニ類の体系に関する近年の研究

遺伝子配列情報等に基づいてダニ類の体系が考察されているが，確定的な結果が得られているわけではない．たとえば，Norton（1998）が形態情報に基づいて主張したササラダニがコナダニの姉妹群であるという説は，一度 Domes et al.（2007）によって否定されたものの，再び Dabert et al.（2012）によって支持された．このように，現在も情報は刻々と変化している．このため本書では，あえてダニ目として，その下の分類群を亜目として扱うことにした．しかし，最新の知見でほぼ合意されていると思われるもの（①：Dunlop & Alberti（2007））を，Krantz & Walter eds（2009）の体系（②）と比較できるように図1.7 に示した．（ケダニ類の科の対応表は青木・島野（2015）を参照されたい．）

このうち②で重要と思われる部分は，胸板類 Acariformes の下位分類群はケダニ目 Trombidiformes とササラダニ目 Sarcoptiformes になることである．本書で用いた体系のうちケダニ亜目 Prostigmata に所属するクシゲチビダニ類 Sphaerolichida 以外のニセササラダニ類 Endeostigmata（アミメウスイロダニ，ヒモダニ，シリマルダニ，ニセアギトダニなどの仲間）は，ケダニ目ではなく，ササラダニ目に含まれる．最初にニセサラダニ類を分けることを指摘したのは，形態情報に基づいた OConnor（1984）である．以降，ニセササラダニ類の所属については，遺伝子配列情報等を用いた議論がいまだに続いている（Dabert et al., 2012）．

また，Krantz & Walter eds（2009）は Opilioacarida（アシナガダニ）を胸穴類 Parasitiformes（広義）に入れている．一方 Dunlop & Alberti（2007）は独立させている．Grandjean（1970）および Lindquist（1984）は，形態に基づいて，Opilioacarida を Parasitiformes（狭義）から独立させ，ダニは3つのグループとする方がよいとしている．最近の遺伝子情報を用いた解析によれば，Opilioacarida が，Parasitiformes（狭義）とともに，Parasitiformes（広義）として単系統のクレードを形成することに，ほぼ疑いの余地はなさそうである．

ダニは1つの分類群（単系統）なのかということについては，古くから議論がなされてきた．たとえば Hammen（1977）などは，ダニをクモガタ類のなかで，まったく別々の2グループに独立させることを提案している．近年の遺伝子解析

①現在の一般的な名称

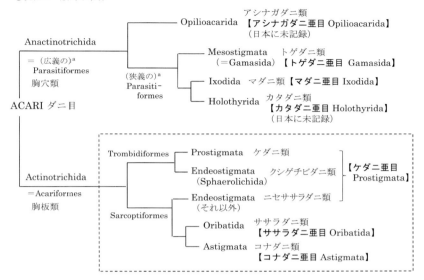

②Krantz & Walter eds（2009）による名称（胸板類（①の点線四角内）のみを示す）

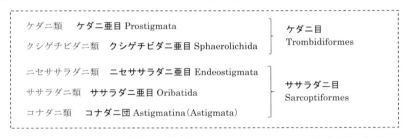

図1.7 ダニの上位分類群の系統関係（概念図：Dunlop & Alberti（2007）をもとに改変）和名は江原・後藤編（2009），『岩波生物学辞典（第5版）』，安倍ほか（2009）などに従った．【】内は本書で用いた高次体系（亜目名は Evans（1992）に従った）．
なお，Evans（1961）および青木編（2001）ではダニを「亜綱」とし，それぞれの「亜目」を「目」としている．
a：Dunlop & Alberti（2007）のように Parasitiformes にアシナガダニを含めない体系を"狭義"とし，Krantz & Walter eds（2009）のように含める体系を"広義"とした．

では，ほぼ単系統であることで意見の一致をみてきたが，Sharma et al.（2014）は次世代型シークエンサーによる膨大な遺伝子座の解析の結果，単系統性に否定的な報告を行っている．現在この結果が広く受け入れられているわけではないが，ダニ類の高次分類体系については，まだ議論が続いている．

1.8 ダニ類の各亜目

前節で説明したように，ダニ目には7亜目が含まれ，そのうちアシナガダニ亜目，カタダニ亜目は日本からは未知である．

アシナガダニ亜目，カタダニ亜目，マダニ亜目，トゲダニ亜目は胸穴類 Parasitiformes，ケダニ亜目，コナダニ亜目，ササラダニ亜目は胸板類 Acariformes に属し，脚の基節が胴体部と融合しておらず自由に動かすことができるか（胸穴類），基節が胴体部と融合して動かない（胸板類）かの違いがある．以下に各亜目の特徴を簡単に述べるが，以下の内容は江原（1980），Evans（1992），Krantz & Walter eds（2009）を参考にしている．

1.8.1 アシナガダニ亜目

アシナガダニ亜目 Opilioacarida は比較的大型のダニで体長 1.5～2.3 mm．洞窟や森林の落葉，石の下などで採集され，南ヨーロッパ，アフリカ，西アジア，中央アジア，インド，タイ，北米，南米に分布する．名前の通り長い足をもつのが特徴で，体形はザトウムシに似ており，前体部背面に2～3対の眼，後胴体部に

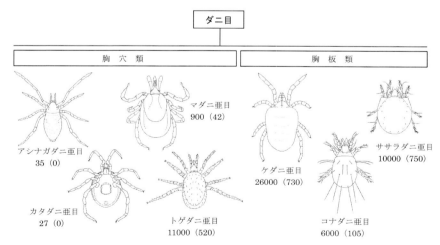

図 1.8　ダニ目の各亜目
数字はおおよその種数（括弧内は日本産種数）．Evans *et al.*（1961），大島（1977），江原（1980）を参考に作図し，種数に関しては Harvey（2003）および Zhang（2013）を参照した．

13節の環節，背面に4対の気門をもつ．触肢跗節に1～2本の爪をもつ．胸穴上目の中では唯一，発生段階の卵と幼虫との間に前幼虫期をもつ．幼虫後体部の毛や裂孔の配置から，胸穴類のなかで最も原始的と考えられている．自由生活性で捕食性または腐食性．背面に気門をもつことから背気門類 Notostigmata とも呼ばれた．

1.8.2 カタダニ亜目

カタダニ亜目 Holothyrida は体全体が硬いクチクラで覆われている．非常に大型で体長2～7 mm．落葉，コケ，石の下などにみられる．中南米，カリブ海，インド洋の島嶼，ニューギニア，オーストラリアに分布する．ドーム状の背板をもつ．以前は気門が2対あるとされていたが，気門は1対のみである．生殖板は4枚の板から構成される．肛門板上に多数の毛をもつ．自由生活性で捕食性または腐食性．気門が4つあるように見えることから四気門類 Tetrastigmata とも呼ばれた．

1.8.3 マダニ亜目

マダニ亜目 Ixodida はなめし革状の硬いクチクラで覆われている．大型の種が多く2～3 mm程度で，吸血時には5～20 mmほどになる．顎体部にある1対の鋏角，腹側の下口体には逆向きの歯が発達する．第4脚基節後方もしくは第2～3脚基節側上方に1対の気門がある．第1脚跗節背面には感覚器のハラー器官がある．すべて動物寄生性．気門が第4脚基節後方にあることから後気門類 Metastigmata とも呼ばれた．

1.8.4 トゲダニ亜目

トゲダニ亜目 Gamasida／Mesostigmata はクチクラの発達した背板，腹板で体が覆われる．体色は淡褐色，茶褐色が一般的である．0.5～1 mm程度の種が多いが，0.2～4.5 mmとサイズの幅は広い．背板は1枚もしくは2枚が多いが，多数に分かれる場合もある．腹板は雌の場合，胸板，生殖板，肛板（あるいは腹肛板）の3つに分かれる場合が多い．第2～4脚基節側方に気門があり，周気管をもつ．自由生活性が多く捕食性，腐食性，菌食性，花粉食性などがあるが，動物寄生性の種もいる．気門が第2～4脚側方にあることから中気門類 Mesostigmata とも呼ばれた（現在でも呼称は残っている）．

1.8.5　ケダニ亜目

　ケダニ亜目 Prostigmata／Actinedida は体が柔らかく，体表に多くの毛をもつものが多いが，発達した硬いクチクラで覆われるものや毛の少ないものもいる．体の形は長円形のもの，幅広いもの，蠕虫状のものなどさまざまである．体色も白，黄色，淡褐色，赤などさまざまであり，体長も 0.2～2 mm と幅広い．1 対の気門が鋏角の間，その後方，あるいは胴体部前縁に開く．眼をもつものが多く，胴体部側面に 1 対ある．触肢は発達した親指状，鋏角は針状か鉤爪状が多い．植物寄生の種を多く含むが，捕食性，動物寄生性などもいる．気門が前方にあることから前気門類 Prostigmata とも呼ばれた（現在でも呼称は残っている）．

1.8.6　コナダニ亜目

　コナダニ亜目 Astigmata／Acaridida は体が柔らかく白色または黄褐色．体は小さく体長 0.2～0.5 mm 程度のものが多い．脚の跗節末端には肉盤あるいは吸盤状の構造をもつ．触肢は 2 節．土壌中で自由生活性（捕食性，菌食性，細菌食性）または動物寄生性．住居内の食品，室内塵にも現れる．気門を欠くことから無気門類 Astigmata とも呼ばれた（現在でも呼称は残っている）．

1.8.7　ササラダニ亜目

　ササラダニ亜目 Oribatida は体が白色，淡褐色で柔らかいものもあるが，多くは茶褐色，黄褐色，赤褐色，黒色などで硬いクチクラで覆われる．0.2～1 mm 程度のものが多いが，2 mm を超える種もある．体の形はさまざまで，アルマジロ型のもの，翼状の構造をもつもの，花びら状の毛をもつものなど多彩である．ササラダニ類の最大の特徴は前体部背面にある胴感杯およびそこから生じる胴感毛であり，その形状はさまざまである．後体部腹面には生殖門板，肛門板をもつ．鋏角は鋏状．気門がある場合，第 1 脚と第 3 脚の基節窩もしくは前体部と後体部の間の溝にある．ほとんどの種は落葉層，腐植層などで植物遺体を餌にする自由生活性であるが，水中に生息する種もいる．気門が隠れた場所にあるところから隠気門類 Cryptostigmata とも呼ばれた．　　　　（青木淳一・島野智之・高久　元）

引用・参考文献

安倍　弘ほか（2009）ダニ亜綱の高次分類体系に対する和名の提案．日本ダニ学会誌，

18：99-104.
青木淳一（1973）「土壌動物学」．814p.，北隆館，東京．
青木淳一編（2001）「ダニの生物学」．431p.，東京大学出版会，東京．
青木淳一・島野智之（2015）ダニ目．「日本産土壌動物―分類のための図解検索（第2版）」（青木淳一編），pp.149-150, 東海大学出版会，東京．
Baker, E. W. and Wharton, G. W. (1952) *An Introduction to Acarology*. 465p., Macmillan, New York.
Dabert, M. *et al*. (2012) Molecular phylogeny of acariform mites (Acari, Arachnida)：Strong conflict between phylogenetic signal and long-branch attraction artifacts. *Mol. Phylogenet. Evol.*, **56**：222-241.
Domes, K. *et al*. (2007) The phylogenetic relationship between Astigmata and Oribatida (Acari) as indicated by molecular markers. *Exp. Appl. Acarol.*, **42**：59-171.
Dunlop, J. A. and Alberti, G. (2007) The affinities of mites and ticks: a review. *J. Zool. Syst. Evol. Research*, **46**：1-18.
江原昭三編（1980）「日本ダニ類図鑑」．562p.，全国農村教育協会，東京．
江原昭三・後藤哲雄編（2009）「原色植物ダニ検索図鑑」．349p.，全国農村教育協会，東京．
Evans, G. O. (1992) Principle of Acarology. *CAB International*, Cambridge.
Evans, G. O., Sheals, J. G. and Macfarlane, D. (1961) *The Terrestrial Acari of the British Isles: An Introduction to Their Morphology, Biology and Classification. Volume 1 Introduction and Biology*. Trustees of the British Museum, London.
Grandjean, F. (1970) Stases. Actinopiline. Rappel de ma classification des Acariens en 3 groupes majeurs. Terminologie en soma. *Acarologia*, **11**：796-827.
Hammen, L. van der (1972) A revised classification of the mites (Arachnidea, Acarida) with diagnoses, a key, and notes on phylogeny. *Zool. Meded., Leiden*, **47**：273-292.
Hammen, L. van der (1977) A new classification of Chelicerata. *Zool. Meded., Leiden*, **51**：307-319.
Hammen, L. van der (1989) *An Introduction to Comparative Arachnology*. 576p., SPB Academic Publishing, The Hague.
Krantz, G. W. (1978) *A Manual of Acarology, 2nd edition*. 509p., Oregon State University, Corvallis.
Krantz, G. W. and Walter, D. E. eds (2009) *A Manual of Acarology, 3rd edition*. 807p., Texas Tech University Press, Texas.
Lindquist, E. E. (1984) Current theories on the evolution of major groups of Acari and on their relationships with other classification. In：*Acarology VI. Vol.1* (Griffiths, D. A. and Bowman, C. E. eds), pp.28-62, Ellis Horwood, Chichester.
Norton, R. A. (1998) Morphological evidence for the evolutionary origin of Astigmata (Acari：Acariformes). *Exp. Appl. Acarol.*, **22**：559-594.
OConnor, B. M. (1984) Phylogenetic relationships among higher taxa in the Acariformes, with particular reference to the Astigmata. In：*Acarology VI, Vol. 1* (Griffiths, D. A. and Bowman, C. E. eds), pp.19-27, Ellis Horwood, Chichester.

大島司郎（1977）屋内塵性コナダニ類の分類．「ダニ学の進歩」（佐々　学・青木淳一編）．pp.525-568，図鑑の北隆館，東京．
Sharma, P. P. *et al.* (2014) Phylogenomic interrogation of Arachnida reveals systemic conflicts in phylogenetic signal. *Mol. Biol. Evol.*, **31**：2963-2984.
島野智之（2015）「ダニ・マニア（増補改訂版）」．231p., 八坂書房，東京．
Walter, D. E and Proctor, H. (2013) *Mites : Ecology, Evolution & Behavior-Life at a Microscale, 2nd edition.* 494p., Springer.
Wooley, T. A. (1988) *Acarology : Mites and Human Welfare.* 484p., John Wiley & Sons, New York.

Column 1 　「ダニ」の語源

　動物名は学術的な場面ではカタカナで表記されるが，多くの動物名は漢字で表すこともできる．ダニについてはどうだろうか？　ダニを表す漢字は多数あり，主要なものだけでも蜱，蟎，螕，蛚，壁蝨などがある．蜱は家畜に寄生して血を吸うダニ（マダニ類）を指す（諸橋，2001）．元来ブユを表す蛚に由来する蟎は国字（中国の漢字にならって日本において造られた字）で，後に中国に逆輸入され「螨」として簡体字化された（諸橋，2001；笹原，2007）．螕はカマキリの卵鞘を表すこと（諸橋，2001），壁蝨はトコジラミの誤りと言われていること（小西，1990）なども考えると，ダニを表す適当な漢字は蜱と蟎であろう．ちなみに，蜱には「毘（ひ）」が「つく，たかる」を意味し，「蜱」で「牛などにたかって血をすう虫」とする解釈や（尾崎ほか，1992），「毘」が「へそ」を意味しマダニの中央が凹んでいるところに由来するのではとの解釈もある（青木，1983）．蟎のもとになった蛚という漢字は平安時代の漢和辞書（源，931-938）にも掲載されており，「太仁」とも表されている．もともとは清音の「タニ」で，後に濁音の「ダニ」となったようである（濁音で嫌悪感を表してダニとなったとの説がある（増井，2012））．では，「ダニ」（古名はタニ）の語源はどうだろうか？　文献をあたると，①玉のような形をしていることでタマナリから，②タヒラミ（平虫）から，③物と物との間（谷）にいることから，④飢えたダニの背中がくぼんで谷に似ていることから，などの説が知られ，どれも言い得て妙だが，いまだ定説はないようだ（小西，1990；前田，2005）．

　なお，英語，ドイツ語，中国語ではマダニ類とそれ以外のダニ類を表す単語があり，英語では tick と mite，ドイツ語では Zeck（複数形 Zecke）と Milbe（複数形 Milben），中国語では蜱と螨が使われている．それに対して日本では，善し悪し

は別にしてマダニ類もそれ以外のダニ類もひとまとめにして「ダニ」として扱われている（愛知大学中日大辞典編纂処編，1987；青木，1983）． （高久　元）

引用・参考文献

愛知大学中日大辞典編纂処編（1987）「中日大辞典」．大修館，東京．
青木淳一（1983）「ダニの話—よみもの動物記—（第7版）」．197p., 北隆館，東京．
小西正泰（1990）古文献に現われたダニ．「ダニのはなし．II 生態から防除まで」（江原昭三編著）．pp.207-214, 技報堂出版，東京．
前田富祺監修（2005）「日本語源大辞典」．小学館，東京都．
増井金典（2012）「日本語源広辞典（増補版）」．ミネルヴァ書房，京都．
源　順（931-938）「和名類聚抄二十巻本」．
諸橋轍次（2001）「大漢和辞典（第2版）」．大修館，東京．
尾崎雄二郎ほか編（1992）「大字源」．角川書店，東京．
笹原宏之（2007）「国字の位相と展開」．三省堂，東京．

第 2 章
病気を起こすダニ①
（マダニ）

2.1 マダニとは

　マダニ類（図 2.1；通称 tick）は，世界に 3 科約 900 種，日本にはヒメダニ科 Argasidae（通称 soft tick）とマダニ科 Ixodidae（通称 hard tick）の 2 科 46 種が分布する．ダニ目（近年提案の分類体系ではダニ亜綱．以下，本節では「ダニ類」と記す）のなかではずば抜けて大型であり，吸血後の体長が 30 mm に達する種も存在する．ダニ類全体からみると，マダニ類は種数が少なく分類学的な研究の進んだ一群である．

　マダニ類は，全種が吸血寄生性で，主として哺乳類，鳥類，爬虫類の外部寄生虫である．マダニ類は，吸血の際にさまざまな病原体を媒介しうるため，重要な感染症媒介動物として認識されている．マダニ媒介感染症の被害は，マダニ類に刺され，吸血されることによって生じる．媒介可能な感染症の種類は，マダニ種によっておおむね決まっている．わが国に分布するマダニ類のうち感染症媒介の観点で重要なのは，マダニ科のキララマダニ属 *Amblyomma*，チマダニ属

図 2.1 マダニ雌成虫巻頭［巻頭カラー口絵 1 にも掲載］
左から，ヒメダニ科のクチビルカズキダニ *Carios capensis*，マダニ科のタカサゴキララマダニ *Amblyomma testudinarium*，フタトゲチマダニ *Haemaphysalis longicornis*，ヤマトマダニ *Ixodes ovatus*）．

Haemaphysalis,およびマダニ属 *Ixodes* の種である.

2.1.1 生 活 環

マダニ類は,卵から幼虫が孵化し,若虫を経て,成虫となる.種ごとに出現する季節がおおむね決まっている.マダニ類は,積雪の多い地域では冬季には活動を停止するが,温暖な地域では冬季でも活動する.

通常,マダニ類は,幼虫,若虫,成虫の各齢期に1回ずつ,合計3回飽血(十分に吸血すること)する.飽血するたびに宿主動物から離脱するマダニ類,つまり生涯に3個体の宿主動物に寄生するものを3宿主性マダニと呼ぶ.マダニ科約650種のうち,約600種が3宿主性である.以下に,一般的な3宿主性マダニの生活環について説明する.

宿主動物から十分に吸血し,自発的に離脱して地表に落ちた幼虫あるいは若虫は,光を避けて石の下や草かげなどに潜み,静止期を経た後,次の発育期へ脱皮する.脱皮後,体が硬化するまであまり動かないが,十分硬化して体が扁平になると宿主探索を再開する.マダニ類では,その一生において時間的に占める割合は,吸血期よりも未吸血期の方がはるかに長い.

宿主動物から吸血し,飽血状態に達した雌成虫は,地上に落下し,落ち葉,岩の割れ目,巣穴などで産卵する.ただし,飽血状態に達せずとも,ある程度の吸血量で産卵可能となる.卵を産み終わって数日すると,雌成虫は死亡する.なお,マダニ類ではさまざまな病原体が経卵感染することが報告されており,たとえばクリイロコイタマダニ *Rhipicephalus sanguineus* 体内のリケッチア *Rickettsia rickettsii* および *Ixodes pacificus* 体内のボレリア *Borrelia burgdorferi* は経卵で子へ高率に感染する(Lane & Burgdorfer, 1987;Silva Costa *et al.*, 2011).

多くの種の幼虫は体長1mm弱で,種によっては植物上に群生する.

多くの種の若虫は体長2mm弱である.ヒメダニ科では,第1若虫期,第2若虫期というように,若虫期が複数存在するが,マダニ科では1回のみである.

マダニ類は一般に両生生殖であるが,*Amblyomma rotundatum* やマゲシマチマダニ *Haemaphysalis magesimaensis* のように雌のみで増殖する単為生殖(処女生殖)の種も知られている.フタトゲチマダニ *Haemaphysalis longicornis* では,両生生殖系(染色体は2倍体)と単為生殖系(3倍体)の両方が存在する.

2.1.2 吸　　血

マダニ類の吸血期間は齢期によって異なり，大多数の種の幼虫では3〜6日間，若虫では3〜10日間，雌成虫では6〜12日間である．もちろん例外も多数存在する．たとえば，*Haemaphysalis inermis* の幼虫は，2〜3時間で吸血を完了する (Nuttall & Warburton, 1915)．これと近縁のヒゲナガチマダニ *Haemaphysalis kitaokai* では，幼虫が最短で1時間50分，若虫が最短で3.5時間で吸血を完了する (Kitaoka & Mori, 1967)．

マダニ科では飽血するとその齢期に再び寄生することはない．一方，ヒメダニ科では同じ齢期内に短い吸血を繰り返す．

幼虫，若虫，雌成虫では，背板が背面前方のみに存在するので，背版に覆われない後方部分は吸血に伴って著しく伸長膨大する．大型種であるカモシカマダニ *Ixodes acutitarsus* やタカサゴキララマダニ *Amblyomma testudinarium* の吸血体重は3gに達する．

マダニ属 *Ixodes* の雄成虫はほとんど吸血しないといわれており，マダニ属の多くの種の口下片（図2.2），特に口下片に生える歯は退化している．また，マダニ属の雄成虫の寿命はマダニ科の他属の雄成虫のそれに比べて著しく短い．

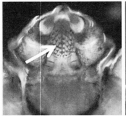

図2.2　マダニ雌成虫の口器腹面
左：キチマダニ *Haemaphysalis flava*，右：タネガタマダニ *Ixodes nipponensis*．矢印は口下片．

2.1.3　宿主動物の探索

マダニ類の第1脚に存在するハラー器官（ハーレル氏器官）の感覚子が，宿主から発せられる熱，二酸化炭素，アンモニア，硫化水素，およびその他の臭気物質に反応することで，宿主の探索がなされる．

マダニ類は，宿主探索，脱皮，産卵を行う場所によって，非留巣性種と留巣性種に大別できる．

非留巣性種では，寄生可能な生理状態にある個体が植物体などを登り，ハラー器官のある第1脚を持ち上げて伸ばし待機行動をとる（図2.3）．活発に宿主を探索するイボマダニ属 *Hyalomma* の成虫は，発達した眼を有する．この眼は，対象物を識別可能で，さまざまな強さの光にも反応する．これらのマダニ類は，嗅覚

のみならず視覚的にも認識した獲物に向けてジグザグに，ハラー器官を備える第1脚を広げた状態で歩き始める．その獲物から1〜2mの距離に達すると，ハラー器官の化学受容器がその獲物の位置を正確にとらえることが可能となり，マダニ類はその獲物へ向けて直進する (Leonovich, 1986).

留巣性種は，宿主の巣穴や巣の中で宿主動物に寄生する．

図2.3 葉裏に潜むオオトゲチマダニ *Haemaphysalis megaspinosa* の雄成虫

2.1.4 移動性

マダニ類は歩行によるエネルギー消費を必要最小限に抑えていると考えられ，大多数のマダニ類はあまり移動しない．たとえば，野外において，*Ixodes scapularis* の若虫は数週間で2〜3mしか移動しない (Carroll & Schmidtmann, 1996). チマダニ属の幼虫の場合，せいぜい1m程度しか移動しない（森・角田，1996）．このように，未寄生期マダニの水平移動距離はごく限られている．したがって，マダニ類が生息しているということは，近くに1つ前の発育期の飽血個体が落下したことを意味している．

マダニ自身は短い距離を移動するにすぎないが，宿主動物の移動により寄生マダニが遠距離を運ばれる場合もある．とりわけ，宿主が鳥類である場合にこの傾向が顕著である．遠方に分布するマダニ種が鳥類に寄生した状態で発見される例がしばしば報告されている．

2.1.5 生息環境と分布

通常，マダニ類は，山林の下草や地表に生息し，宿主となる動物が訪れるのを待つ．したがって，マダニ類は，草地や山林など一定の気温と湿度が保たれ，哺乳類，鳥類，爬虫類が出没する環境に高密度で生息する．マダニ類の分布を規定する要因としては，気候条件（気温，湿度，日照など），植生，および宿主動物の密度や行動様式があげられる．

マダニ類は，山林に多いとはいえ，都市部の公園や河川敷にも生息し，ときとして住居内で発見される場合さえある．したがって，このような都市環境でもマダニ類に刺される可能性はある．

2.1.6 宿主動物

マダニ類の宿主特異性は，種によってさまざまである．マダニ類のなかには，ネズミ類，コウモリ類，鳥類，爬虫類に固有な種や，牧牛嗜好性の強い種なども存在し，宿主関係は多様である．大部分の留巣性種では，宿主特異性が強い．その他の種は日和見的である．

絶滅危惧動物へ特異的に寄生するマダニ種は，宿主動物の個体数の激減に伴ってみられなくなる場合もある．たとえば，ジャワサイに寄生する *Amblyomma crenatum*，ムカシトカゲに寄生する *Amblyomma sphenodonti*，アマミノクロウサギに寄生するクロウサギチマダニ *Haemaphysalis pentalagi* などがこれに該当し，当然のことながら，これらのマダニ種は宿主動物以上に絶滅の危険性が高い．

わが国ではニホンジカの有無によってマダニ相が大きく変化することが報告されており（藤本・山口，1990），島根県北東部においては島根県唯一のニホンジカの生息地である弥仙山地から離れるにつれてフタトゲチマダニとヒゲナガチマダニの採集頻度が低下する（Yamauchi *et al.*, 2009）．こうした事例から，重要な吸血源となる大型哺乳類の分布がマダニ相の形成に大きな影響を与えていることがうかがえる．そのため，哺乳類相が変化することによりマダニ相も変化すると考えられる．近年わが国で問題になっているニホンジカとイノシシの個体数増加と分布拡大により，その寄生マダニ類も同様の変化をとげている可能性は高い．

マダニ類は，宿主動物から吸血する際，皮膚に一定期間付着し続ける．そのため，宿主動物が長距離を輸送されると，宿主とともに長距離を運ばれることになる．そして，人為的か否かにかかわらず宿主動物の移動によって，寄生マダニ種が新たに分布域を拡大する場合がある．こうした例としては，南および東南アジアからほぼ熱帯域全域へ分布を拡大したオウシマダニ *Rhipicephalus microplus*，アフリカからマダガスカルや西インド諸島へ分布を拡大した *Amblyomma variegatum* などがあげられる（Barré & Uilenberg, 2010）．オーストラリアのフタトゲチマダニは，19世紀にウシに寄生したままわが国から導入されたと推定されており，その後，ニュージーランドや太平洋上の小島にまでウシとともに分布域を拡大した．わが国に分布するクリイロコイタマダニはアメリカ合衆国からの移入種と考えられており，わが国における自然分布は知られていない．このように，宿主動物の動態によって寄生マダニの分布や密度は大きな影響を受ける．

2.1.7 人体刺症

　ヒトが待機中のマダニ類に接触すると，マダニ類は肌の露出部や衣服に乗り移り，吸血に適した部位を求めて徘徊する．そして，好適な部位に達すると，寄生部位を定めて吸血を開始する．つまり，マダニ類は最初に付着した部位から吸血するわけではないのである．

　マダニ人体刺症の発生時期は，ヒトの活動や肌を露出する季節などと関係している．初夏から初秋にかけては，ヒトが薄着をして野外に出ることが多いので，この時期にマダニ人体刺症が多く報告されている．すなわち，この時期に活動し，生息環境の条件が合う種がマダニ人体刺症の原因となる．

　わが国では，マダニ類22種による人体刺症が確認されているが，大部分の人体刺症は特定のマダニ種に起因する．わが国のマダニ人体刺症の原因種として最も症例報告の多い種はヤマトマダニ *Ixodes ovatus* で，以下はシュルツェマダニ *Ixodes persulcatus*，タカサゴキララマダニと続く．

　南北に長い日本列島では，気候等に応じて生息するマダニ類の種構成が異なるため，地域ごとに人体刺症の主要原因マダニ種は異なる．北海道，東北，および中部地方では主としてマダニ属の種，近畿以西の地方では主としてタカサゴキララマダニとフタトゲチマダニによる人体刺症が多い．

　マダニ種によっては，刺咬部位に選好性がみられる．ヤマトマダニは顔面（特に眼瞼）を，アカコッコマダニ *Ixodes turdus* は頭部を，タカサゴキララマダニは，趾間，陰部，肛門など下半身の湿部を刺咬する傾向がある．

　マダニ人体刺症の報告は，近年増加傾向にある．米田ほか（1997）によれば，増加の原因としては，野外におけるマダニ類の生息密度が著しく増加したというよりも，次のようないろいろな要因が考えられる：①アウトドア志向が増えて車で容易に野外へレクリエーションに出かけることが多くなったことや，山野の宅地化やリゾート開発などによってマダニ類に遭遇する可能性が高まったこと，②減反政策や農産物の自由化，農林業従事者の高齢化等による農耕地の放棄，あるいは植林地や里山の管理不足などで一部ではマダニ生息地が増えたであろうこと，③自然宿主となるウサギやノネズミ等の野生鳥獣への狩猟圧が減ったことにより，マダニの生息密度がある程度以上に維持されていること，④山林で労働する人達や山間部に住む人々はある程度マダニを認識していて，寄生を受けても自分で取ってしまうことが多いのに対し，アウトドア指向で野外に出かける都市部の人々は農山村部の人々よりは医療機関を利用しやすい点もあり，そのことが症例を顕

図2.4　吸血して膨らんだ雌成虫［巻頭カラー口絵2］
左：キチマダニ *Haemaphysalis flava*，右：タヌキマダニ *Ixodes tanuki*．

在化させていること，⑤さらにライム病や紅斑熱の発生もあって，臨床医，特に皮膚科医の関心が高まっていること，等があげられる．

　吸血膨大したマダニ虫体は，血液色ではなく，灰色か黒褐色となる（図2.4）．顎体部は根元まで皮膚に深く挿入されているので確認できず，背板も膨らんだ全体に比べて著しく小さい部分となり，脚も腹面に隠れて認めにくくなる．マダニ類の唾液の中には，痒みや痛みを抑える物質が含まれており，通常は宿主動物に気づかれることなく長時間にわたって吸血し続けることができる．マダニ類に関する知識の乏しい医師も少なからず存在するため，医療機関において，吸血膨大したマダニ虫体がイボ，ホクロ，腫瘍と誤診された例も多々みられる．

　寄生したマダニ個体を皮膚から無理に取ろうとすると，マダニ口器が皮膚に残り，化膿してしまうこともある．マダニ属とキララマダニ属の成虫は，長い口下片（図2.2参照）をもつことから，宿主への咬着力がきわめて強い．そのため，これらに刺咬された場合，その除去は容易でない．無理に引き抜こうとするとマダニ口器（口下片）がちぎれて皮膚内に残る．真皮内に口下片の一部が残ることにより結節を形成する場合があるため，これを完全に除去することが望ましい．したがって，こうした場合には外科的に除去せざるをえない．

　マダニ媒介性感染症の早期発見のためにも，医師へのマダニ類についての正しい知識の啓発が必要である．そして，得られたマダニ虫体は，しかるべき専門家に同定を依頼することが望まれる．

　国際化の進展に伴って海外へ出かける日本人の数が増加しており，海外でマダニ人体症に遭遇する邦人も増加傾向にある（Okino *et al.*, 2007）．そのうえ，今日の観光ブームによって野生動物の豊かな森林地帯へ足を踏み入れる邦人が増え，ときとしてこれまでに知られていなかったマダニ人体刺症例が見出されるようになった．このように，海外でのマダニ人体刺症に遭遇した場合，日本ではみられ

ない病原体に感染する危険性があるため，特に注意が必要である．したがって，医療関係者には，海外の主要な人嗜好マダニ種（たとえば，*Amblyomma americana*, *Ixodes holocyclus*, *Ixodes ricinus*, *Dermacentor andersoni* など）とそれらが媒介する感染症についても正確な知識が求められる．

2.1.8 驚異的な生命力

真空状態に耐えうる動物は少ないが，キチマダニ *Haemaphysalis flava* は真空に十分に耐えることができる（Ishigaki *et al.*, 2012）．Ishigaki ほか（2012）によると，電導テープに貼り付けたキチマダニを走査型電子顕微鏡（SEM）の真空環境下においたところ，元気よく脚を動かし生きたままの状態で観察することが可能とのことである．さらに，観察後，キチマダニを大気圧に戻しても生きており，真空処理していない個体と同様に歩き回っていたとのことである．

多くのマダニ種は，飢餓に強いため，適切な湿度を保てば，吸血せずとも長期間生存できる．フタトゲチマダニの場合，成虫で 200 日以上，若虫で約 100 日間，幼虫でも 50 日以上生存可能である（Yano *et al.*, 1988）．

多くのマダニ種は，低温にも強い．ヒゲナガチマダニとオオトゲチマダニ *H. megaspinosa* の成虫は，冬季 0℃以下になっても植生上で活発に活動する．

2.1.9 寿　　命

マダニ類の生活環（卵の孵化から次の世代の卵の孵化まで）の長さは，非常に多様である．この長さは，主として気候条件と宿主によって決まる．

熱帯において，1宿主性のオウシマダニと *Dermacentor nitens* の生活環は短く，約 8 週間である．一方，温帯あるいは寒冷気候において，3宿主性の *Ixodes ricinus* とフサマダニ *I. uriae* は，生活環を完結させるために 2〜7 年を要する．わが国に産するウミドリマダニ *I. signatus* は，野外観察の結果，生活環が完結するのに満 3 年（足掛け 4 年）を要すると推定されている（浅沼・福田，1957）．

なお，自然状態では，*I. ricinus* の成虫が 1.5 年間，*Amblyomma americanum* の成虫が 3 年間生存することが知られている（Jaworski *et al.*, 1984；Balashov, 1998）．

ヒメダニ科の生活環の長さは，適した条件の下では 6 週間から 2 年間である．しかし，不適な条件の下では 10 年以上に及ぶこともある（Filippova, 1966）．

マダニ媒介感染症にかからないためには，マダニ類に刺されないことが最重要

である．したがって，媒介マダニ類の生態や分布に関する情報は公衆衛生上きわめて有用である．マダニ類そのものに関する研究は，一見すると地味なため，おろそかにされやすい．しかし，将来を見据え，媒介動物に関する基礎的な研究が継続されることが望ましい． （山内健生）

引用・参考文献

浅沼　靖・福田　進（1957）青森県蕪島のウミネコに寄生する Ixodes signatus の生活史．衛生動物，**8**：147-159．

Balashov, Yu. S.（1998）*Ixodid Ticks-Parasites and Vectors of Diseases*. St. Petersburg, Nauka.

Barré, N. and Uilenberg, G.（2010）Spread of parasites transported with their hosts：case study of two species of cattle tick. *Rev. Sci. Tech. Off. Int. Epiz.*, **29**：149-160.

Carroll, J. F. and Schmidtmann, E. T.（1996）Dispersal of blacklegged tick（Acari：Ixodidae）nymphs and adults at the woods-pasture interface. *J. Med. Entomol.*, **33**：554-558.

Filippova, N. A.（1966）Argasid ticks（Argasidae）. In：*Fauna of the USSR：Arachnoidea*, Vol. 4（3）. Moscow/Leningrad, Nauka.

藤本和義・山口　昇（1990）奈良公園とその周辺地域のマダニ類の比較．環動昆，**2**：133-137．

Ishigaki Y. *et al.*（2012）Observation of live ticks（*Haemaphysalis flava*）by scanning electron microscopy under high vacuum pressure. *PLoS ONE*, **7**：e32676.

Jaworski, D. C. *et al.*（1984）Age-related effects on water, lipid, hemoglobin, and critical equilibrium humidity in unfed adult lone star ticks（Acari：Ixodidae）. *J. Med. Entomol.*, **21**：100-104.

Kitaoka, S. and Morii, T.（1967）The biology of *Haemaphysalis*（*Alloceraea*）*ambigua* Neumann, 1901, with description of immature stages（Ixodoidea, Ixodidae）. *Natl. Inst. Anim. Health Q.*, **7**：145-152.

Lane R. S. and Burgdorfer, W.（1987）Transovarial and transstadial passage of *Borrelia burgdorferi* in the western black-legged tick, *Ixodes pacificus*（Acari：Ixodidae）. *Am. J. Trop. Med. Hyg.*, **37**：188-192.

Leonovich, S. A.（1986）Orientation behavior of ixodid tick *Hyalomma asiaticum* under conditions of desert. *Parazitologiya*, **20**：431-440.

森　啓至・角田　隆（1996）フタトゲチマダニ幼虫の分散．環動昆，**7**：211-213．

Nuttall, G. H. F. and Warburton, C.（1915）*Ticks, a Monograph of Ixodoidea. Part III. The genus Haemaphysalis*. Cambridge University Press.

Okino, T. *et al.*（2007）A bibliographical study of human cases of hard tick（Acarina：Ixodidae）bites received abroad and found in Japan. *Kawasaki Med. J.*, **33**：189-194.

Silva Costa, L. F. *et al.*（2011）Distribution of *Rickettsia rickettsii* in ovary cells of

Rhipicephalus sanguineus(Latreille 1806)(Acari：Ixodidae). *Parasit Vectors*, **4**：222.

Yamauchi, T. *et al.* (2009) Tick fauna associated with sika deer density in the Shimane Peninsula, Honshu, Japan. *Med. Entomol. Zool.*, **60**：297-304.

Yano, Y., Shiraishi, S. and Uchida, T. (1988) Effects of humidity on development and growth in the tick, *Haemaphysalis longicornis. J. Facul. Agric., Kyushu Univ.*, **32**：141-146.

米田　豊ほか（1997）1992年以降に経験した九州地方のマダニ人体寄生17例. 衛生動物, **48**：269-274.

2.2　ダニ媒介性感染症

2.2.1　ダニ媒介性感染症とは

　感染症とは，ウイルス，細菌，寄生虫などが体内に侵入し，宿主の機能が障害を受けている状態（＝病気）を示す．これら原因物質（＝病原体）の感染は，食材や飲料水を介する場合，野生動物などの自然宿主から直接的・間接的に起こる場合，あるいはヒトからヒトへ直接感染する場合など多彩である．病原体の一部は，ダニ類，カ，ノミ，シラミなどの刺咬や吸血によっても伝播されることがあるが，このような感染様式をとる感染症を総称して「節足動物媒介性感染症」と呼んでいる．節足動物媒介性感染症のうちダニ類（ツツガムシ，マダニ，ヒメダニなど）によって媒介される感染症が「ダニ媒介性感染症」である（表2.1）．世界ではライム病，ウイルス性出血熱，つつが虫病といった公衆衛生上重要な疾患がダニ類によって媒介されることから，マラリアなど蚊媒介性感染症と並んで，ダニ媒介性感染症が重視されている．わが国においても感染症法により，一部のダニ媒介性感染症のサーベイランスが行われている．

表2.1　ダニ媒介性感染症起因病原体とその推定される媒介ダニ

疾患名	病原体	推定媒介ダニ	国内でのおもな患者報告地
細菌感染症			
リケッチア症	*Rickettsia* 属	*Haemaphysalis* 属など	関東以西，宮城県，青森県
つつが虫病	*Orientia tsutsugamushi*	*Leptotrombidium* 属	北海道を除く全国
アナプラズマ症	*Anaplasma phagocytophilum*	*Ixodes* 属など	高知県，静岡県

疾患名	病原体	推定媒介ダニ	国内でのおもな患者報告地
野兎病[*1]	*Francisella* 属	*Haemaphysalis* 属など	東北地方を中心にほぼ全国的
ライム病	*Borrelia* 属（ライム病群ボレリア）	*Ixodes* 属	北海道，中部地方など
新興回帰熱	*Borrelia miyamotoi*	*Ixodes* 属	北海道
回帰熱（シラミ媒介性を除く）	*Borrelia* 属（回帰熱群ボレリア）	*Ornithodoros* 属	報告例なし
エーリキア症	*Ehrlichia* 属	*Amblyomma* 属	報告例なし
リケッチア痘	*Rickettsia akari*	*Liponyssoides* 属	報告例なし
ネオエーリキア感染症	*Neoehrlichia mikurensis*	*Ixodes* 属	報告例なし
ウイルス感染症			
重症熱性血小板減少症候群（SFTS）	SFTSウイルス（フレボウイルス属）	*Haemaphysalis* 属など	近畿，中国，四国，九州（除く沖縄県）
ダニ脳炎	Tick borne encephalitisウイルス（フラビウイルス属）	*Ixodes* 属	北海道（1例）
クリミア-コンゴ出血熱（CCHF）	CCHFウイルス（ナイロウイルス属）	*Hyalomma* 属など	報告例なし
キャサヌル森林病	Kysanur forest diseaseウイルス（フラビウイルス属）	*Haemaphysalis* 属	報告例なし
オムスク出血熱	Omsk hemorrhagic feverウイルス（フラビウイルス属）	*Dermacentor* 属，*Ixodes* 属	報告例なし
ハートランドウイルス感染症	Heartlandウイルス（フレボウイルス属）	*Amblyomma* 属	報告例なし
ポワサン脳炎	Powassanウイルス（フラビウイルス属）	*Ixodes* 属	報告例なし
コロラドダニ熱	Colorado tick feverウイルス（コルチウイルス属）	*Dermacentor andersoni*	報告例なし
アルクルマ出血熱	Alkhurmaウイルス（フラビウイルス属）	*Ornithodoros savignui*	報告例なし
原虫感染症			
バベシア症	*Babesia* 属原虫	*Ixodes* 属など	兵庫県（1例）[*2]

[*1]：おもな感染経路は汚染源（感染動物等）との接触によるものと考えられている．
[*2]：国内では輸血による感染事例のみ報告されている．

郵便はがき

恐縮ですが切手を貼付して下さい

1 6 2 - 8 7 0 7

東京都新宿区新小川町6-29

株式会社 朝倉書店

愛読者カード係 行

● 本書をご購入ありがとうございます。今後の出版企画・編集案内などに活用させていただきますので，本書のご感想また小社出版物へのご意見などご記入下さい。

| フリガナ お名前 | | 男・女 | 年齢 | 歳 |

〒　　　　　　　　電話
ご自宅

E-mailアドレス

ご勤務先
学校名　　　　　　　　　　　　　　（所属部署・学部）

同上所在地

ご所属の学会・協会名

ご購読　・朝日 ・毎日 ・読売　　　　ご購読（　　　　　　　）
新聞　　・日経 ・その他（　　　）　雑誌

書名（ご記入下さい）

本書を何によりお知りになりましたか

1. 広告をみて（新聞・雑誌名　　　　　　　　　　　　　）
2. 弊社のご案内
   （●図書目録●内容見本●宣伝はがき●E-mail●インターネット●他）
3. 書評・紹介記事（　　　　　　　　　　　　　　　）
4. 知人の紹介
5. 書店でみて

お買い求めの書店名　（　　　　　　　市・区　　　　　　　書店）
　　　　　　　　　　　　　　　　　　町・村

本書についてのご意見

今後希望される企画・出版テーマについて

図書目録，案内等の送付を希望されますか？　　　・要　・不要
　　　　　　・図書目録を希望する
ご送付先　・ご自宅　・勤務先
E-mailでの新刊ご案内を希望されますか？
　　　　　　・希望する　・希望しない　・登録済み

ご協力ありがとうございます。ご記入いただきました個人情報については、目的以外の利用ならびに第三者への提供はいたしません。

2.2.2 ダニ類と病原体の伝播，維持サイクル

病原体は自然界において通常，野生げっ歯類，大型哺乳類，鳥類などによって保有されている．ダニ類は成長，脱皮，産卵などのために吸血行動を行うが，そのときにダニ類は病原体保有動物から病原体に感染する．ダニ類は脱皮により成長するが，それらの過程において病原体感染が維持された場合（経代感染もしくは経ステージ感染と呼ぶ）に，初めて病原体を保有した状態となる．経代感染はほとんどのダニ媒介性病原体において成立する．保有された病原体はダニ類の体内で増殖後，その唾液腺組織内に侵入し，ダニ類の刺咬・吸血時にダニ類の唾液とともに吸血源動物体内へ注入され，感染が成立する．また，一部の病原体（リケッチア属細菌や回帰熱ボレリアの一部など）はダニ類の卵に感染し，次世代へ移行する（介卵感染）．このため，孵化した幼虫は病原体保有状態であり，ダニ幼虫も病原体を伝播しうることになる．また，病原体の種類によって，病原体保有ダニからヒトを含む吸血源動物へ感染が成立する時期もさまざまである．回帰熱とライム病は同じボレリア属細菌感染症であるが，アフリカやアメリカで報告さ

図 2.5 ダニ媒介病原体の感染経路
介卵感染の場合は幼虫も病原体を伝播しうる．

れる回帰熱ボレリアは，ダニ刺咬開始から90分以内に感染が起こる一方，ライム病ボレリアの場合はダニ刺咬開始から48時間以上経過しないと感染が起こらないことが報告されている．

2.2.3 ダニ媒介性感染症病原体の性質

ダニによって媒介される病原体のほとんどが，ダニの腸管に感染した後，ダニ体腔内へ侵入し，体液循環でダニに全身感染を起こした後，ダニの唾液腺組織へ侵入・定着する．ダニ腸管内では，吸血源動物の血液成分を消化・吸収するために，タンパク質分解酵素等が大量に分泌されるが，病原体の構成成分の一部もタンパク質等であるため，このダニが分泌するこれら酵素群から自らの身を守るための何らかの機構を備えていると考えられる．また，ダニ腸管壁は基底膜と上皮細胞から構成されるため，通常，微生物は腸管壁を突破できず腸管内にとどまるが，病原性を獲得した微生物は，腸管壁を通過し，ダニ体腔内へ侵入できる性質を有する．偶発的にダニ体腔内に非病原性の微生物が侵入することもあるが，多くの場合はダニが備えている自然免疫機構によって，これら微生物は排除される．一方，病原微生物の多くは，ダニ自然免疫に対する何らかの抵抗性を備え，体液循環を一定時間維持した後，唾液腺等の目的のダニ臓器へ侵入・定着すると考えられている．ダニ唾液腺に侵入・定着した病原微生物は，ダニの吸血行動中に分泌される唾液とともにヒトなどの吸血源動物へ吐出される．ダニ唾液腺組織は基底膜に覆われた分泌組織で，多くの生理活性物質を産生するとともに，吸血中にはこれら生理活性物質を吸血源動物へ注入し，その吸血行動を促進する．ダニが吐出するおもな物質は，ダニ口器が皮膚から抜けないよう固定する物質のほか，刺咬中の痛みを押さえる物質，吸血時に皮下にできる血液溜まり構造を形成・維持するための物質，血液凝固抑制物質，吸血源動物の免疫を抑制する物質など，多種多様であるが，病原体のいくつかは，これら生理活性物質を用いて，感染を促進することが明らかにされている．

2.2.4 おもなダニ媒介性感染症

a. ライム病

ライム病は病原体同定が比較的最近であったことから，新興のマダニ媒介性細菌感染症の一種とされているが，19世紀後半から欧州を中心にライム病を記述した報告がいくつかなされていた．1910年，Afzeliusはダニ刺咬後に刺咬部を中心

とした遠心性の紅斑を観察したが，これはライム病の初期病態である遊走性紅斑を記述したものと考えられる．また慢性期のライム病患者で稀に見出される慢性萎縮性肢端皮膚炎は1883年に初めて記述がなされている．これら症例では梅毒反応が陽性であること，ダニ咬傷，遊走性紅斑と因果関係があることから，ダニ媒介性のスピロヘータ感染症である可能性が考えられていた．これに加え，ダニ刺咬と関連がある神経症状が「Garin-Bujadoux症候群（フランス）」，「Bannwarth症候群（ドイツと近隣諸国）」として見出されていたが，これらはライム病の病態の一部である神経ライム症（Neuroborreliosis）を記述したものであった可能性が高い．20世紀後半の1977年，Steereらは，米国コネチカット州のライム地区で小児に発生した原因不明の流行性関節炎を発生地域の名をとって「ライム関節炎」と名づけた．これらの症例では，マダニ刺咬後に慢性の紅斑，関節炎とともに髄膜炎，顔面麻痺，神経根炎，心筋炎など多臓器性の全身症状を呈したことから，同一の病因に基づく疾患であることが疑われ，以後「ライム病」と称されるようになった．1982年になって，米国のBurgdorferらによって *Ixodes dammini*（現在の *Ixodes scapularis*）から，翌年スイスの *Ixiodes ricinus* からスピロヘータが分離され，ライム病との関連が強く疑われた．これらスピロヘータは，1984年新種のボレリア *Borrelia burgdorferi* と命名されたが，ライム病患者の血液，皮膚病変部などからこれらボレリアが分離されたことから，上記病態が本ボレリア感染に起因する1疾患であることが確定した．21世紀になった現在でも，米国では年間約3万人，欧州では年間10万人程度の患者発生が推定されており，欧米では重要な感染症である．わが国においてライム病は，感染症法施行以来年間10例前後の国内感染例があるが，欧米と比較して，比較的希少な感染症であると考えてよいだろう．

b. 回帰熱

回帰熱はライム病群ボレリアとは異なる1群のボレリア属細菌による感染症で，アフリカ諸国での感染例が最も多く，北米や南欧，中近東，中央アジアなどでも感染例が報告されている．これら地域内では，散発的，もしくは集発的な感染が報告され，かつ死亡例も散見される．回帰熱には，ヒメダニが媒介する種類とシラミによって媒介されるものがあるが，現在上記地域で流行しているもののほとんどがヒメダニ媒介性回帰熱である．バルトネラ属細菌感染症の塹壕熱やリケッチア属細菌感染症である発疹チフス同様，シラミによって媒介される回帰熱は，戦争等により衛生状況が悪化し，シラミ寄生が蔓延した場合に流行する．第一次

世界大戦中，兵士や避難民の間で回帰熱が流行し，1919年から1923年の間におよそ500万人の患者が亡くなったと推計されている（CDC資料より）．第二次世界大戦後，韓国で回帰熱による死亡例が報告されたが，これもシラミ媒介性回帰熱であったと推定されている．ダニ媒介性の回帰熱は2つに大別される．1つは旧来から知られている回帰熱で，抗菌薬による治療を行わない場合，その致死率はヒメダニ媒介性回帰熱では2〜5%とされている（シラミ媒介性回帰熱では4〜40%とされている）．回帰熱は，高いレベルの菌血症を呈している発熱期，および感染は持続しているものの菌血症を起こしていない，もしくは低レベルでの菌血症状態（無熱期）を交互に数回繰り返す，いわゆる周期性の発熱を主訴とする．一般的には，感染後4〜18日（平均7日程度）の潜伏期を経て，菌血症による頭痛，筋肉痛，関節痛，羞明，咳などを伴う発熱，悪寒等により発症する（発熱期）．またこのとき点状出血，紫斑，結膜炎，肝臓や脾臓の腫大，黄疸がみられる場合もある．発熱期は1〜6日続いた後，いったん解熱する（無熱期）．無熱期は通常8〜12日程度続く．もう1つは，2011年に初めて報告された*Borrelia miyamotoi*感染による新興回帰熱である．*Borrelia miyamotoi*は1995年にわが国で発見・同定されたボレリアで，発見当時はその病原性は不明であったが，2011年のロシアでの感染例を皮切りに，アメリカ，オランダ，日本で患者が報告された．本ボレリア感染症の全容はいまだ不明であるが，*Ixodes*属マダニが病原体を伝播すると考えられている．

c. リケッチア感染症

リケッチア感染症は広く世界に分布する．リケッチア感染症は，臨床症状の重篤度等により紅斑熱群リケッチア症，発疹チフス群リケッチア症，DEBONEL/TIBOLA型（弱毒型紅斑熱群）リケッチア症（Ibarra *et al.*, 2006），リケッチア痘などに分けられるが，その多くがダニ媒介性である．北米大陸にみられるロッキー山紅斑熱，地中海沿岸にみられる地中海紅斑熱，わが国で流行している日本紅斑熱はいずれも強毒型の紅斑熱群リケッチア感染による．日本紅斑熱の病原体である*Rickettsia japonica*を媒介するマダニ種は，東南アジアから本州や四国の南岸地域，九州など温暖な地域に生息するが，わが国の患者発生地域は媒介マダニ分布域とおおむね一致する．わが国における日本紅斑熱リケッチアのおもな媒介マダニは*Haemaphysalis*属である．国内に生息する*Amblyomma testudinarium*が媒介する*Rickettsia tamurae*はDEBONEL/TIBOLA群リケッチア症であると推定されている．リケッチア痘病原体の*Rickettsia akari*はトゲダニの一種

Liponyssoides 属ダニが媒介すると考えられている.

d. つつが虫病 （第3章を参照）

e. クリミア-コンゴ出血熱（CCHF）

　CCHF はブニヤウイルス科ナイロウイルス属に分類される CCHF ウイルス感染に起因し，特徴的な症状として重症化した場合，出血熱症状を呈すること，また感染者の致死率が高いことから，ペスト，エボラ出血熱などと同様に，感染症法1類感染症に指定される最も重要な感染症の1つである．おもな媒介マダニは *Hyalomma* 属であるが，これ以外にも *Rhipicephalus* 属，*Dermacentor* 属などのマダニでも媒介能力が示されている．2種類のヒメダニからも本ウイルスが分離・検出されているが，CCHF ウイルスがこれらマダニ体内では増殖できないことから，媒介マダニとしては重要視されない．国内では，本ウイルスは見つかっていない．

f. 重症熱性血小板症候群（SFTS）

　SFTS はブニヤウイルス科フレボウイルス属に分類される SFTS ウイルス感染に起因し，2011 年に中国で初めて患者が報告された新しい疾患である．わが国では 2012 年に山口大学の前田健博士らによって，初めて患者より本ウイルスが分離された（Takahashi *et al.*, 2014）．その後，現在まで西日本で年間数十名の患者報告が続いている．SFTS ウイルスはマダニによって伝播されるが，前述の CCHF ウイルス同様，マダニで介卵感染をすると推定されている．おもな媒介マダニは国内でも比較的温暖な地域に生息する *Haemaphysalis* 属や *Amblyomma* 属と考えられているが，そのウイルス伝播能に関しては今後の検証が必要であろう．

g. その他

　このほか，欧米で知られていたアナプラズマ感染症がわが国でも存在することが 2013 年に報告された．わが国では1例のみ報告があるダニ脳炎ウイルス感染症は，ロシアや欧州で多数の患者が発生し，大きな社会問題となっている．ロシア中央部で感染例が報告されるオムスク出血熱，インド南部で報告があるキャサヌル森林病，サウジアラビアなどで報告があるアルクルマ出血熱の起因病原体の伝播にも，ダニが関与していると考えられている．米国で症例が散見されるポワサン脳炎，コロラドダニ熱も，ダニが媒介する感染症である．これら感染症媒介ダニ類の分布地域は，マダニ吸血源となる動物種の分布や降水量等の環境要因によって規定される．また気候変動による温暖化が進行することで，国内で比較的温暖な地域が拡大し，それに伴って温暖な地域で見出されるダニ類が生息域を拡大

させるならば，長期的には，患者発生地域が拡大し，その結果，日本紅斑熱や SFTS 患者数は増加する可能性がある．1970 年代に南西諸島でのみ見出された日本紅斑熱病原体の媒介マダニと考えられる *Haemaphysalis hystricis* は現在，本州・四国・九州の太平洋岸でも見出されるようになった．一方，わが国ではシュルツェマダニがライム病や新興回帰熱病原体ボレリアを媒介，伝播する．本マダニは本州中部や北海道がおもな生息地域であり，温暖な地域には生息しない．このため，比較的寒冷な地域で患者発生が見出されるライム病に関しては，長期的には，シュルツェマダニの生息域の縮小に伴って，患者数は減少傾向に転ずる可能性がある．

わが国における SFTS の流行やアナプラズマ症，新興回帰熱の発見からわれわれが学んだことは，医療が高度に発達した現代においても，見すごされている感染症があり，かつその感染が「ダニ刺咬」という身近な現象に起因した，ということであった．他方，感染症検査技術の進歩は目ざましいものがあり，ゲノム情報から病原体を網羅的に検出する方法も確立されつつある．今後はこれら新しい技術の導入等により，感染症を見過ごさない体制構築が進むことが期待されている．

（川端寛樹）

引用・参考文献

Centers for Disease Control and Prevention（CDC）.
   http://www.cdc.gov/relapsing-fever/resources/louse.html
Hajdušek, O. *et al.*（2013）Interaction of the tick immune system with transmitted pathogens. *Front Cell Infect. Microbiol.*, **3**：26.
Ibarra, V. *et al.*（2006）*Rickettsia slovaca* infection: DEBONEL/TIBOLA. *Ann. N. Y. Acad. Sci.*, **1078**：206-214.
Kazimírová, M. and Štibrániová, I.（2013）Tick salivary compounds: their role in modulation of host defences and pathogen transmission. *Front Cell Infect. Microbiol.*, **3**：43.
Smith, A. A. and Pal, U.（2014）Immunity-related genes in *Ixodes scapularis*-perspectives from genome information. *Front Cell Infect. Microbiol.*, **4**：116.
Takahashi, T. *et al.*（2014）The first identification and retrospective study of Severe Fever with Thrombocytopenia Syndrome in Japan. *J. Infect. Dis.*, **14**（6）：816-827.

第3章
病気を起こすダニ②
(ツツガムシ)

3.1 つつが虫病とは

　つつが虫病（Tsutsugamushi disease または Scrub typhus）は，原因菌 *Orientia tsutsugamushi*（つつが虫病リケッチア）を有するツツガムシの刺咬後1～2週間の潜伏期を経て，頭痛・関節痛などを伴う発熱をもって急激に発症する．発熱に加え，全身性発疹，刺し口の痂皮形成（図3.1）を3主徴とし，日本紅斑熱に似るが，発疹が体幹から四肢に広がる傾向がある．刺し口痂皮は10 mm程度，その近傍局所，全身リンパ節が腫脹する．播種性血管内凝固（DIC），多臓器不全により死亡することもある．血液データでは，血小板減少，炎症の程度を表すCRP，肝機能障害の程度を表すAST，ALT，LDHが上昇する．白血球数はほぼ正常範囲のことが多い．確定診断は，特異的血清抗体値の上昇確認や痂皮等からの遺伝子検出による．テトラサイクリン系抗菌薬で劇的に治療可能でありながら，今なお死亡例が報告される．

　風土病として江戸時代から記録があり，かつては秋田・山形・新潟の河川域に夏季のみ発生する地域性の強い重篤な熱性疾患であった．1960年代までに急速に減少したが，その後，春～初夏，秋～初冬の2つの季節性ピークを示す患者発生が全国で確認され，近年は年間400例前後の患者報告で推移している．農業，林業，山菜採取などの野外活動が感染機会として多く，患者は70～74歳をピーク

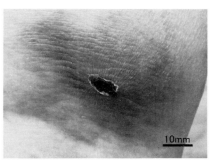

図3.1 つつが虫病の痂皮（左膝窩部）（写真提供：白河厚生総合病院・竹之下秀雄博士）痂皮を材料としたPCRでIrie/Kawasaki型を確認.

に全年齢層にわたる．男女比はほぼ同じである．O. tsutsugamushi は偏性細胞内寄生性細菌で，複数の血清型があり，ツツガムシの種類と関連し（表3.1参照），分布域と活動時期が患者発生パターンを複雑にする． （安藤秀二）

3.2 どんなツツガムシがいるか

　世界で3000種と推定され国内からは121種が知られるツツガムシは，ケダニ亜目に属し，レーウェンフェク科 Leeuwenhoekiidae とツツガムシ科 Trombiculidae に大別されるダニ類の一員で，なかにはツツガムシ皮膚炎の起因種やつつが虫病媒介種もいる．成虫は肉眼でも十分に観察できるが，動物寄生時期が幼虫期であることや地表面から採集されるツツガムシの多くが幼虫であることから，ツツガムシといえば幼虫期のことを指すのが一般的である（図3.2）．よって分類も形態的特徴が顕著である幼虫の形態をもとに確立されてきた．幼虫は脚節数，背甲板（形，大きさ，毛質，長さ），背甲板上の感覚毛，胴背毛（胴部背面毛の配列，毛質，総数），第3基節毛の配置，顎体部触肢毛の特徴などをもとに同定される．

　つつが虫病流行地でケダニ，アカムシ，シマムシなどと呼ばれ恐れられていたアカツツガムシ Leptotrombidium akamushi は，夏期に幼虫が出現する．幼虫生存期間が約1～2ヶ月と短いことから同属の南方系ツツガムシ（デリーツツガムシ L. deliense や L. fletcheri）に酷似するが，なぜ冬季の厳しい秋田，山形，新潟に生息するようになったのか謎である．国外では台湾膨湖島，中国海南島からの記録があるが，周辺地からの記録がないため近似種であった可能性が高い．つつが虫病媒介種でヒト嗜好性が高く国内では秋季に活動するタテツツガムシ L. scutellare は山形以南から奄美大島，韓国，台湾，中国，東南アジアまで分布する．耐寒性でロシア極東地域，北海道から九州，韓国，中国南部地域まで広く分布するフトゲツツガムシ L. pallidum は秋期のみならず越年した幼虫が春期のつつが虫病を媒介する．最近

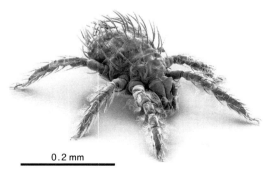

図3.2　アカツツガムシ幼虫［巻頭カラー口絵3］

になって，宮古島に隣接する池間島で台湾，中国，東南アジアに分布するデリーツツガムシによるつつが虫病が確認され注目されている．近隣の鹿児島県トカラ列島や奄美大島にはデリーツツガムシに近似するスズキツツガムシ L. suzukii が分布する．近年，ヒゲツツガムシ L. palpale やアラトツツガムシ L. intermedium の媒介を疑うつつが虫病が発生し注視されている．四国の海岸地域には，トサツツガムシ L. tosa の媒介が疑われる夏期に発生するつつが虫病の記述がある．

(角坂照貴)

3.3 ツツガムシの生息場所と発育

3.3.1 生息場所

ツツガムシは動物寄生期を除いて落葉層や地中の浅いところで生活し，昆虫卵をおもな栄養源とするため，都心部や家屋内には生息しない．幼虫はカニ，トカゲ，ヘビやカエルに寄生する種もいるが，多くは鳥類や野ネズミのような哺乳類に2～7日間寄生，体液を摂取し満腹すると離脱する．幼虫は動物との遭遇機会が多い地表や枯れ草などの先端部付近に待機して動物体温や炭酸ガスに誘因され動物へはい上がるほか，動物との接触時に体表に付着し数日間にわたり寄生する．1個体の産卵数は数百個にも達することがあり，局所的に幼虫密度が高い地点がみられる．つつが虫病リケッチアを保有する雌が存在すれば，垂直伝播により病原体保有卵を産卵するため「ホットスポット」と呼ばれる病原体保有幼虫の微小分布地点が現れる．このような場所では刺される危険性が高まると同時に，リケッチア感染の危険性も高まる．

タテツツガムシ幼虫は草原，畑地，畦道，樹林域，草地に囲まれた火山性砂礫，砂地のような環境にも高密度で生息，たびたび集塊（コロニー，クラスター）を形成する．地表面のみならず，野ネズミのほかにシカ，イノシシ，ウサギなどへも寄生するため，地上高50 cm程度までの枯れ枝の先端部にも集積し待機する．産卵数は多いが幼虫の耐寒性は低く，本種が媒介するつつが虫病は秋期～初冬に限られる．アカツツガムシ幼虫は洪水時に水没するような河川敷や中洲の草地，表面が乾燥していれば泥や砂地にも生息する．肥沃な河川敷は畑地や家畜の餌を手に入れる草刈り場として重要で，つつが虫病の危険を承知で作業し戦前には多くの犠牲者を出した．フトゲツツガムシ幼虫は耕作放棄地，畦道，樹林域など広い生息域をもつ．野ネズミへの寄生率は高いが，前2種と比較すると地表面から

の採集が困難であることから，動きが緩慢で少し深い落葉層や地中に生息していると思われる．タテツツガムシ，アカツツガムシと混在することもある．

3.3.2 ツツガムシの発育

幼虫は，2～7日間にわたり動物の皮膚を刺して体液を取り込み，満腹し離脱する．離脱直後の幼虫は運動するが数日で運動を停止し休眠（第1若虫），その後に脱皮し若虫（第2若虫）となり，盛んに昆虫卵を食べる．やがて運動を停止し休眠（第3若虫），その後に脱皮し成虫となり昆虫卵を餌とする（図3.3）．雄が先行し現れ精包を産出，後に現れた雌が精包を生殖口に取り込む体外受精が行われ次世代卵を産み始め，3～4週間で孵化する．国内に生息するツツガムシは年に1回，夏期や秋期に幼虫が出現する．幼虫は3対の脚をもち活発に活動する．若虫の体表は密集した毛に被われ，4対の脚，2対の生殖吸盤をもつ生殖口を備える．成虫は4対の脚をもちビロード状でより密集した毛で被われ若虫より大きい．雄の生殖口は三角形に開口し3対の生殖吸盤，雌の生殖口は直線状に開口し3対の生殖吸盤を備える．

（角坂照貴）

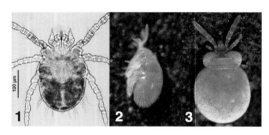

図3.3 アカツツガムシの発育
1：幼虫，2：第3若虫（休眠期），3：成虫．

3.4 ヒトを刺すツツガムシと病原体の侵入

3.4.1 ヒト刺咬ツツガムシ

体長0.2～0.3 mmの幼虫が皮膚を刺すため，痒みや疼痛がなければ刺されていても気づかないが，今ではつつが虫病リケッチアと媒介種の解析が進み，感染した病原体からある程度は媒介種を推定できる（表3.1）．アカツツガムシは他の幼

3.4 ヒトを刺すツツガムシと病原体の侵入

表3.1 日本における刺咬ツツガムシと媒介能

ツツガムシ種	ヒト嗜好性	つつが虫病リケッチアの型[*7]	媒介能
アカツツガムシ	+++	Kato 型	+
タテツツガムシ	+++	Irie/Kawasaki 型，Hirano/Kuroki 型	+
フトゲツツガムシ	++	JG 型，JP-2 型，（JP-1 型？）	+
デリーツツガムシ	+++	東南アジア型（Taiwan 亜型）	+
ヒゲツツガムシ	+[*1]	Shimokoshi 型	+[*2]
アラトツツガムシ	+[*1]	JP-1 型	+[*3]
フジツツガムシ	+[*1]	Fuji 型	−[*4]
キタサトツツガムシ	+[*1]	?	−
バーンズツツガムシ	+[*1]	?	−
カワムラツツガムシ	−	[*5]	−
ナンヨウツツガムシ	+++	[*6]	−
ナガヨツツガムシ	+[*1]		

[*1]：ヒト刺咬例が報告されている．[*2]：患者と同一地域の野ネズミ寄生ツツガムシ幼虫からリケッチアが検出された．[*3]：患者検出 JP-1 型と媒介種の相関が確定されていない．JP-1 型患者発生地域にはフトゲツツガムシも分布する．[*4]：Fuji 型は患者からの検出例がない．[*5]：分離例があるが血清型は不明．[*6]：多数の刺咬例があるが患者発生は知られていない．[*7]：遺伝子型 JP-1，JP-2（血清型 Karp），JG（血清型 Gilliam），沖縄分離株は Taiwan 亜型（台湾系 Gilliam）．

虫と異なり，刺された3～4時間後から衣服が刺咬局所に触れるとチクッとし，とげが刺さったような痛みを感じ，幼虫が離脱した後も数日間は痛みが続く．中国の『抱朴子』（葛洪，313年），『本草綱目』（李時珍，1596年）にも，水辺に近づくと赤い小さな沙蝨（スナダニ）に刺され，そこはとげが刺さったように痛み，10日ほどで死亡する，と，アカツツガムシ刺咬症とつつが虫病を連想させるような記述がある．古くは新潟，秋田のアカツツガムシ生息地に虫掘り婆（つつが虫病発生地で皮膚を刺したツツガムシを摘出する民間療法士）が活躍していたが，痛みを感じたことで刺されたことに気づき治療を受けていたのであろう．タテツツガムシもヒト嗜好性が強く，幼虫多発地域ではツツガムシ皮膚炎がみられる．フトゲツツガムシによるつつが虫病は少なくないが，皮膚炎は報告されていないため上記2種と比べると刺咬性は高くないと思われる．最近になって Shimokoshi 型リケッチアを保有することが判明したヒゲツツガムシや，JP-1 型を保有するアラトツツガムシもヒト刺咬例が報告されている．ナンヨウツツガムシ *Eutrombicula wichmanni* は伊豆諸島，南西諸島から台湾，中国，東南アジアに広く分布し，痒みの強いツツガムシ皮膚炎を起こすが，つつが虫病は媒介しない．バーンズツツガムシ，フジツツガムシ，キタサトツツガムシ，ナガヨツツガムシもヒト刺咬記

録がある.

3.4.2 幼虫が形成する吸着管

ツツガムシ幼虫が刺咬皮膚に形成する吸着管（stylostome，管状構造物）は1871年に初めて記述され，国内でも「恙虫口器ヒポハリンキス」（林，1910）として紹介された．幼虫を皮膚から引き離すと，その口器先端部に吸着管が付着してくるため早くから存在が知られていた．幼虫は鋏角刀で皮膚を刺し，唾液腺から消化液を注入し宿主の組織を融解する外部消化を行い，次いで融解組織を吸い込み栄養源とする．皮膚を刺した1対の鋏角刀の隙間に，時間の経過とともに伸長する吸着管が形成され，中心部の管腔を通して唾液と消化物が行き来する．刺咬1時間後には鋏角刀が固着され，3時間後には鋏角刀直下に吸着管を形成，その後も伸長し続け離脱直前には0.1〜0.2 mmにも達し，吸着管を皮膚内に残し離脱する（図3.4）.

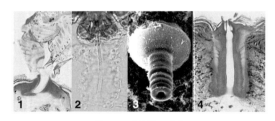

図 3.4 吸着管の形成
1, 3, 4：フトゲツツガムシ幼虫，2：アカツツガムシ幼虫．
1：吸着1時間後（H&E染色），2：吸着24時間後（無染色），3：吸着48時間後（走査電顕），4：吸着48時間後（H&E染色）．

3.4.3 つつが虫病リケッチアの侵入

成虫から次世代幼虫へと垂直伝播されるつつが虫病リケッチア *Orientia tsutsugamushi* は，病原体保有幼虫のあらゆる細胞でみられるが，唾液腺細胞では他と比較し数が多い．動物を刺し唾液の注入を開始した幼虫唾液腺では，リケッチアが腺細胞の先端部に移動し細胞膜を中から押し上げ出芽し始める．その後，唾液腺細胞から脱出したリケッチアは腺細胞膜を最外層にまとい，唾液腺導管へと放たれ吸着管を通過して侵入していく（図3.5，3.6）.

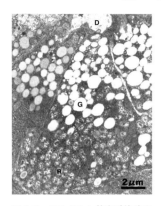

図3.5 ツツガムシ幼虫唾液腺中のリケッチア
R：O. tsutsugamushi, G：分泌顆粒, D：唾液腺導管.

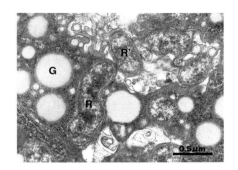

図3.6 ツツガムシ幼虫唾液腺細胞から脱出するリケッチア
R：O. tsutsugamushi, R'：脱出した O. tsutsugamushi, G：分泌顆粒.

3.4.4 病原体の侵入時間

皮膚に吸着した幼虫を摘出する「虫掘り婆」が行っていた民間療法が有効であったか,興味がもたれる.リケッチア保有フトゲツツガムシで病原体の侵入時間を調べると,刺された直後から病原体の侵入までに少しの猶予時間があることがわかった.刺されて1～3時間後まではリケッチアの侵入はなかったが,刺された6時間後から感受性動物は発症し,その後は12時間,1日,2日,満腹離脱するまで,すべての時間で発症した(表3.2).

表3.2 つつが虫病リケッチアの動物への侵入時間

No	吸着時間						
	満腹落下	48時間	24時間	12時間	6時間	3時間	1時間
1	+	+	+	+	+	−	−
2	+	+	+	+	+	−	−
3	+	+	+	+	+	−	−
4	+	+	+	+	+	−	−
5	+	+	+	+	途中離脱	−	−

5匹のヌードマウスに各1匹の有毒フトゲツツガムシを1時間～満腹落下まで吸着させた.
+：リケッチア陽性(ギムザ染色),−：リケッチア陰性.

3.4.5 病原体保有ツツガムシ

リケッチア保有成虫から産まれた次世代幼虫は垂直伝播により高頻度に病原体を保有することが知られているが，野外では媒介種であってもすべての幼虫がリケッチアを保有しているわけではない（表 3.1）．患者発生地の保有率はフトゲツツガムシでは約 24% と推定された地点もあるが，多くの発生地ではタテツツガムシで 0.03%，フトゲツツガムシとアカツツガムシで 1〜3% とされる．

（角坂照貴）

3.5　つつが虫病の予防

幼虫に刺されたツツガムシ皮膚炎なら抗炎症薬の塗布で済ませられるが，つつが虫病に罹患すると死亡することもあるため，対策を考えなくてはならない．わずか 0.2 mm ほどの幼虫を肉眼で見つけて払いのけることは不可能で，幼虫駆除，刺咬予防，発症後の重症化軽減策が必要である．アカツツガムシのように生息地が限定的な種はヒトの立ち入りを制限することで感染者を軽減できる．河川の堤防構築や中洲除去等による治水対策でもツツガムシ生息域は減少する．さらに高密度生息地ではフェニトロチオンのような速効性で殺ダニ効果が高い殺虫剤の限定的な散布も短期的効果がある．ディート（DEET）には幼虫への忌避，麻痺効果が認められるが，塗布部に限定的であるために予防効果を過信できない．長靴を履いていてもはい上がってくるアカツツガムシやタテツツガムシ幼虫による刺咬を完全に防ぐことは困難であるが，帰宅後の着替えや入浴は薦められる．完全な刺咬防御は困難でも，つつが虫病には有効な治療薬があるため，早期に診断されることが最も効果的である．新聞，テレビなどを介した「つつが虫病」発生報道は地域住民のみならず地域で診療する医師への啓蒙となり，早期診断・治療につなげることができる．

（角坂照貴）

3.6　海外のつつが虫病

つつが虫病は日本国内のみならず，西アジアから極東にかけ，アジア・太平洋地域の広い範囲で，年間 100 万人の患者が発生していると推定される．西はパキスタン，アフガニスタン，南はオーストラリア北部，東は極東ロシア沿岸を含み，患者が発生するこの広範な地域を，"Tsutsugamushi triangle" と呼ぶ．2000 年代

に入り，特に中国，台湾，韓国を含む極東地域での患者増加が報告されている．

中国では，南西部，南東部沿岸に夏季の熱性疾患として大きな患者集積地が知られていたが，1986年に山東省で秋から冬にかけて集団発生がみられ，現在はより広い範囲で患者が報告される．患者数は2012年に8886例である．韓国では，2012年に8000例を越え，島嶼部を含む南部，中西部に患者が集積する．

インド，スリランカ等でも近年多数の患者情報が発信されている．また，2010年，中東ドバイへの旅行者からの分離株は *O. chuto* との新種提案がされ，アフリカ大陸でも患者報告はないものの近縁のものが存在することが示唆されている．これまで報告のない世界各地でも，今後報告される可能性がある．日本人の活動範囲の広がりやグローバル化から，全国のどの地域においても，季節によらず患者に遭遇する可能性があり，渡航後の熱性疾患ではつつが虫病も念頭におく必要がある．

（安藤秀二）

引用・参考文献

安藤秀二（2014）極東地域におけるつつが虫病の現状と将来的課題．化学療法の領域，**30**：313-321．

浅沼　靖（1983）媒介ツツガムシと恙虫病リケッチアの保有種．臨床と細菌，**10**：40-45．

Goff, M. L. *et al.* (1982) A glossary of chigger terminology (Acari：Trombiculidae). *J. Med. Entomol.*, **19**：221-238.

林　直助（1910）恙虫口器「ヒポハリンキス」並ニ同成虫ニ就テ（附石版図）．「緒方教授在職二十五周年紀年祝賀論文集（緒方教授在職二十五周年紀年祝賀会編）」．pp.203-210，日本衛生学会，東京．

Kadosaka, T. and Kimura, E. (2003) Electron microscopic observations of *Orientia tsutsugamushi* in salivary gland cells of naturally infected *Leptotrombidium pallidum* larvae during feeding. *Microbiol. Immunol.*, **47**：727-733.

角坂照貴ほか（1987）Deet およびムシペール12のフトゲツツガムシ幼虫に対する忌避，麻痺効果．薬理と治療，**15**：483-488．

角坂照貴ほか（2012）ツツガムシ幼虫に対する数種薬剤の殺ダニ効力試験．衛生動物，**63**（増），82．

Kelly, D. J. *et al.* (2009) Scrub typhus：the geographic distribution of phenotypic and genotypic variants of *Orientia tsutsugamushi*. *Clin. Infect. Dis.*, **48**（Suppl 3）：S203-230.

Misumi, H. *et al.* (2002) Distributions of infective spots composed of unfed larvae infected with *Orientia tsutsugamushi* in *Leptotrombidium* mites and their annual fluctuations on the soil surface in an endemic area of tsutsugamushi disease (Acari：Trombiculidae). *Med. Entomol. Zool.*, **53**：227-247.

宮城一郎・加茂　甫（1953）ツツガムシ．福岡医学雑誌，**44**：359-367．
Paris, D. H. *et al.*（2013）Unresolved problems related to scrub typhus: a seriously neglected life-threatening disease. *Am. J. Trop. Med. Hyg.*, **89**：301-307.
佐々　学（1956）恙虫と恙虫病．497p.，医学書院，東京．
田原研司・山本正吾（2007）つつが虫病―多種多彩な疫学―．「ダニと新興再興感染症（柳原保武監修，SADI組織委員会編）」．pp151-163，全国農村教育協会，東京．
高田伸弘（1990）病原ダニ類図譜．216p.，金芳堂，東京．
高田伸弘ほか（1999）河川敷環境のツツガムシ病「予防の手引き」策定の試み．大原綜合病院年報，**42**：11-25．
Takahashi, M.（1995）Rearing and life history. In：*Tsutsugamushi disease* (Kawamura, A. *et al.* eds). pp.187-214, University of Tokyo Press, Tokyo.
高橋　守・三角仁子（2007）日本産ツツガムシの種類と検索表．「ダニと新興再興感染症（柳原保武監修，SADI組織委員会編）」．pp.45-51；277-294，全国農村教育協会，東京．
Takahashi, M. *et al.*（2004）A new member of the trombiculid mite family *Neotrombicula nagayoi*（Acari：Trombiculidae）induces human dermatitis. *Southeast Asian J. Trop. Med. Public Health*, **35**：113-118.
多村　憲（1999）恙虫病病原体 *Orientia tsutsugamushi* の微生物学．日本細菌学雑誌，**54**：815-832．

第4章
病気を起こすダニ③
(イエダニ, ヒゼンダニなど)

4.1 人の体にダニがいる？

人の体からダニが検出されるという事例は，古くから専門誌をにぎわせてきた問題である．後述されるヒゼンダニやニキビダニのように，ヒトに寄生しているという意味では，「人の体にダニがいる」という表現はうなずける．一方で，以前から注目されてきた「人体内ダニ症」と呼ばれている症例は，少し趣が違うような気がする．そこで，この項では，ヒトの体から検出されるダニ問題について考えてみたい．

4.1.1 人体内ダニ症

日本では今から100年以上も前から，ヒトの尿，便，喀痰，胆汁等からダニが検出されたという事例が全国各地の病院から数多く報告され，それは「人体内ダニ症」と呼ばれる疾病として注目されてきた．

わが国での人体内ダニ症の報告は，1893年にMiyake & Scribiaによって発表されたのが最初である．この症例は血尿を訴えた37歳の農夫の尿から25匹程度のダニが繰り返し検出され，このダニを「*Nephrophagus sunginarius* 喰腎血蝨」と称した．その後，岸田（1921）はこの上記症例の標本について精査した結果，これらのダニはホコリダニ，コナダニ，ハダニの3種であることを確認している．しかし，この症例について，患者への移入経緯や病害との因果関係については解明されていない．その後，ヒトから検出されるダニの報告はあとを絶たないが，いまだに病害との関係について明確な結論は得られていない．

人体内ダニ症の事例のなかで，人が食品とともに大量のダニを摂取することで，ダニが糞便中に排出されることは十分考えられる．今から50年以上も前の時代で

は，現在とは異なり衛生状態が劣悪で，冷蔵庫等の食品の保存機器も一般に普及していないため，保存食品には多数のダニが繁殖し，食品のダニ汚染は想像以上に蔓延していたと思われる．そのため，人体内ダニ症の由来が食品のダニ汚染に起因しているとしてもまったく不思議ではない．

また，食品のみならず農業環境（飼料，肥料，干草，藁，そしてさまざまな農産物など）におけるダニの汚染は一般に比べて深刻であり，粉塵とともに吸引した多数のダニが喀痰などによって排泄されることも十分考えられる．

一方で，前述した農夫のケースのように，食品と一緒に摂取されたダニがなぜ尿や胆汁から検出されるのか，その経路については説明できない．それらの事例のなかには，医療現場において人から採取された検体や検査器具などが管理状態の不備などからダニに汚染されることは少なからずあったのではないかと推察される．過去のダニ類の実態調査でも，医薬品などにダニが繁殖することが確認されており，検体に誤って混入したダニ検出による誤診も十分考えられる．

しかし，それだけでは説明のつかない事例も多々報告されており，人体内ダニ症については，1世紀以上経過した今でもいまだ結論を得るまでに至っていないのである．

ダニ害の多くは，いまだ原因種も特定できず病害との因果関係も明確でないものが多く，その意味では，「人体内ダニ症」は古くて新しい問題なのかもしれない．その命名の是非も含めて，再検討する必要があろう．

4.1.2 食品および環境由来のダニアレルギーについて

近年，海外では農業関係者によって吸引されたダニやダニ物質が，喘息，アトピー性皮膚炎などのアレルギーを発症する事例が多数報告されている．一方，わが国でもダニに汚染された食品の摂取によるアナフィラキシーの発症事例が増加しており注目されている．

まず，食品におけるダニの汚染は，食物の生産の場，すなわち農業，林業，畜産業，水産業などで問題となっている．とりわけ，農林業におけるダニの被害は大きな問題となっており，その対象は野菜，穀物，果樹，花，樹木などさまざまな生産物に及んでいる．

農作物においては，ハダニ，ヒメハダニ，コナダニ，ニクダニ，ホコリダニなどが重要で，また果樹に大きな被害をもたらすハダニ，フシダニなどが代表的なものである．それらのダニ類は，植物が生育する過程のみならず貯蔵の過程でも

害を及ぼし，品質の劣化を引き起こすことになる．さらに，食品の製造過程におけるダニ問題は以前から発生していたが，その大きさが微小で肉眼で見えないため，苦情の対象になりにくく，その実害が目立ってこなかった．そのためこれまであまり問題視されてこなかったが，さまざまな食品の製造業現場ではダニの発生に手を焼いているのが実情である．近年製造業の衛生管理に一段と高い水準が求められるようになっており，ダニ問題は近い将来さらに深刻さを増していくものと思われる．

　前述したように，食品におけるダニの汚染が新たな病害につながることが懸念される．その一例として，農業関係者におけるアレルギー疾患の問題がある．以前から，ヨーロッパの農業従事者は高率にアレルギー症状を発症することが知られていたが，その原因がダニによるものであることが明らかとなっている．農業関係者のある種のダニに対するアレルギー反応が異常に高いことが認められ，農作業中に多種のダニ類やダニ物質にさらされアレルギー症状を引き起こしていることが示唆された．それらのダニ類は，飼料・肥料・干草・藁およびさまざまな農産物中で増殖し，その死骸や糞などを吸引したり，皮膚に付着するなどして喘息やアトピー性皮膚炎などのアレルギーを発症しているという．それらの原因となるのは，ストーレッジマイト storage mites（貯穀ダニ類）と呼ばれているダニ類で，コナダニ・ニクダニ・ホコリダニなどさまざまな種類が関与している．これらのダニ類は日本でも農業や畜産業の作業環境中にごく普通に生息しており，農作業の過程で農業従事者が接触する頻度がきわめて高いため，これらのダニ類によるアレルギー疾患が多発しているという．

　また，近年食品の製造過程や一般家庭において，食品中に繁殖したダニによって引き起こされるアレルギー疾患（アナフィラキシー）が問題となっている．この病害はもっと以前から発生していたのではないかと推察されるが，アレルギー疾患において食品中のダニ類による関与を実証することはきわめて困難なため看過されてきたと思われる．しかし，近年になって検査技術の発展により，この種の実証が比較的容易になったことで脚光を浴び，症例の増加につながったものと考えられる．

　以前より食品の原料や加工食品からコナダニ・ニクダニ・ホコリダニなどが増殖することは知られていたが，このアナフィラキシーの主体となっているのは，住居内に多数生息しているチリダニによるものであることが明確となってきた（8.3 節参照）．その症例のほとんどが，お好み焼き粉などで繁殖したチリダニに

よるものと考えられ，患者はチリダニに対して陽性反応を示し，ときには食品中からチリダニが多数検出される例も認められている．

4.2　身のまわりのダニ類による皮膚炎の被害

　私たちの身のまわりには多種のダニ類がそこかしこで生息している．それらのダニ類が，さまざまな形で私たちにかかわっている．ときには私たちに重大な害を及ぼすこともある．これらのダニ類の由来は，住居内やその周辺の環境に由来するものや動物や植物に由来するものなどさまざまである．それらが偶発的また必然的に私たちと接触し，思わぬ被害を引き起こすことになる．

　動物にはさまざまな種類のダニが寄生しているが，これらのダニ類によるヒトへの病害も少なからず報告されている．特に，私たちの生活の場に生息しているさまざまな野生動物や家畜・ペットなどに寄生しているダニがヒトに皮膚炎などの被害を起こすことが知られている．ここではおもな動物由来のダニ害について紹介する．

4.2.1　住居内のネズミに寄生している吸血性のダニによる皮膚炎

　住居内で動物由来の皮膚炎を起こす最も重要なダニは，家ネズミに寄生している吸血性のイエダニ *Ornithonyssus bacoti* で，日本の住居内で発生する被害の大半を占める．古い時代では，日本の住居には家ネズミが普通に生息している状況だったので，イエダニによる皮膚炎の被害はそれほど珍しいものではなかった．近年，日本の住宅事情や衛生状態がよくなり，多くの家庭から家ネズミが徐々に姿を消したため，その結果イエダニによる被害も減少してしまったと思われた．

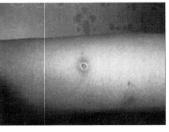

図 4.1　イエダニとそれによる皮膚炎［巻頭カラー口絵 4］

ところが近年，市街地のあちこちに飲食店や食べ物を扱う店などが軒を並べ，大量の残飯や廃棄食品があちこちに捨てられるようになると，それらの食べ物を餌としてさまざまな動物が都市を中心にすみつくようになり，一時減少傾向にあった家ネズミも活気を取り戻し，町のあちこちで生活するようになってきた．また，都会のビルの中に飲食店などができるとその空間は年中暖かく，食べ物には事欠かなくなり，そのうえ天敵のいない安全な場所であるため，ネズミの天国と化してしまった．

今や日本の都会ではネズミだけではなく野良ネコ，ハクビシン，タヌキ，イタチ，カラスなどさまざまな動物が生活し，その数は急激に増加している状況にある．ネズミによる害はさまざまであるが，この項のテーマであるイエダニによる皮膚炎の被害も，都心部やその周辺地域で頻発しているのである．

4.2.2 鳥類に寄生している吸血性のダニによる皮膚炎

ネズミ由来のダニによる皮膚炎と同様に近年増加してきているのが，鳥類由来のダニによる皮膚炎である．住居やその周辺に鳥が巣を作り，ときとして鳥に寄生する吸血性のダニによる皮膚炎に見舞われることは珍くはない．この鳥類由来のダニはネズミのダニの近縁種で，一過的にヒトを吸血して，ひどい皮膚炎を引き起こすことがある．

人家の周辺で生活している鳥類はスズメ，ツバメ，ハト，ムクドリなど多くの種類がみられるが，それらは通常春から初夏にかけて人家ののき先や戸袋，換気口，屋根そして庭木などに巣を作って子育てが行われる．鳥類由来のダニによる皮膚炎はちょうど5月から7月上旬頃の子育て時期に符合して，その被害は最も多くなる．特に，子鳥が巣立ってしまうと巣に残されたダニは吸血源がなくなり，ヒトの血を求めて刺しに来ることになる．動物性のダニ類の多くは，ヒトの血を吸っても卵を産んで増え続けることはできない．そのため，ヒトは一過性に吸血の被害にあっても，その被害が永続的に続くものではない．

鳥類に寄生するダニ類のなかで特に重篤な皮膚炎の被害を起こすのは，イエダニにきわめて近い種類であるトリサシダニ *Ornithonyssus sylviarum* で，一般にムクドリにはこの種類が多く寄生している．被害家庭の鳥の巣を調べると多数の吸血性のダニが検出されるが，特にムクドリが巣を作ったら要注意である．

このほかにも，鳥類に寄生するスズメサシダニ *Dermanyssus hirundinis*，ワクモ *D. gallinae* などによる皮膚炎の被害も各地で報告されている．

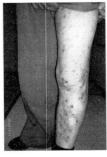

図 4.2 ムクドリに寄生したトリサシダニとその被害

4.2.3 ペットの普及とペット由来のダニ害

　近年空前のペットブームにより飼いイヌの登録件数は年々増え続け，登録されていない分も勘案した総飼育頭数は，2000 年時点で 1 千万頭を超えたとみられている．またネコの数もイヌに迫る勢いで急増し，現在 1 千万頭を超える数が飼われていると推定される．

　そのほか，げっ歯類，鳥類，爬虫類，両生類，哺乳類などさまざまなペットがブームとなって，多種のペットが家庭内外で飼われている．それらは熱帯・亜熱帯地域に生息している珍しい動物も多く含まれているため，その地域特有のさまざまな病原体やダニなどの寄生生物が海外からペットとともに国内に持ち込まれ，ヒトに病害を起こす例も報告されている．

　そこで，ペットに寄生するダニに絞ってヒトに皮膚炎を起こす可能性のあるおもなものを表 4.1 に列記した．これらのダニ類による皮膚炎の被害はどこでも起こりうるため，ペットを飼育する際には，ペット由来の病害に十分な注意が求められる．

表 4.1　ヒトに害を起こすと疑われるペットおよび家畜由来のダニ類

宿主など	ダニ類
イ　ヌ	イヌセンコウヒゼンダニ，イヌミミヒゼンダニ，イヌツメダニ，マダニ類
ネ　コ	ネコショウセンコウヒゼンダニ，ネコツメダニ，マダニ類
サ　ル	サルハイダニ，ヒゼンダニ，マダニ類
げっ歯類	イエダニ，トゲダニ，ツツガムシ類，マダニ類
鳥　類	トリサシダニ，スズメサシダニ，ワクモ，ウモウダニ，ツツガムシ類，マダニ類
家　畜	各種ヒゼンダニ，ワクモ，ヒメダニ，マダニ類など
その他昆虫など	シラミダニ，ヒメダニなど

動物には各種動物に特有のヒゼンダニが世界中で認められている．ヒトには固有のヒゼンダニ *Sarcoptes scabiei* が寄生しているように（ヒトのヒゼンダニとそれが引き起こす病気である疥癬（かいせん）については，次節以降で詳しく解説する），イヌにはイヌセンコウヒゼンダニ（イヌ穿孔疥癬虫 *Sarcoptes scabiei* var. *canis*），ネコにはネコショウセンコウヒゼンダニ（ネコ小穿孔疥癬虫 *Notoedores cati*）が耳，顔面，眼瞼などに多くみられ，皮膚角質層にトンネルを掘り生涯皮膚のなかですごし体外で生息することはない．そのほか，イヌやネコの耳に寄生しているミミヒゼンダニ *Otodectes cynotis* がヒトに皮疹を起こしたり，飼い主の外耳道に侵入したという報告もみられる．また，タヌキに高率に寄生しているヒゼンダニは，ヒトに寄生しているものと同類であるという．これらのヒゼンダニは，大きさが 0.2～0.3 mm 程度で，雄は雌よりかなり小さく，1匹の雌は1日2～3個の卵を産卵し，約1ヶ月で50個程の卵を産卵するといわれている．これらのダニは動物の体から離れると2日程度しか生存できない．また，イヌツメダニ *Cheyletiella yasuguri* やネコツメダニ *C. blakei* がヒトに対して激しい皮疹を引き起こすことが知られている．

このほか，家畜，そしてサル，ウサギ，ネズミなどさまざまな哺乳類や鳥類などにも特有のヒゼンダニや寄生ダニ類が認められており，これらもイヌやネコのヒゼンダニのように一過的に人の皮膚炎への関与が疑われている．それらの動物をペットにしたときは，皮膚炎の有無をチェックし，また刺咬症だけではなく，それらが媒介する感染症にも配慮しなければならない．

4.2.4 昆虫に寄生するシラミダニによる刺咬症

昆虫に寄生しているダニで，ヒトに皮膚炎を引き起こす重要ダニはシラミダニである．

シラミダニはケダニ亜目のシラミダニ科に属する体長 0.2～0.3 mm の刺咬性のダニで，世界中に分布し，昆虫寄生性で現在確認されている宿主は鞘翅（コウチュウ）目の9種，鱗翅（チョウ）目5種，膜翅（ハチ）目11種，双翅（ハエ）目1種，有吻（カメムシ）目1種の各成虫・幼虫・蛹などで，ときにはヒトに皮膚炎を引き起こすことが知られている．シラミダニは大きさが1 mm の5分の1に満たない細長い小さなダニで，シバンムシやカミキリムシなどの昆虫の幼虫や成虫にたかって体液を吸って生活している寄生性のダニである．このダニの特徴は，卵生でなく卵胎生で，受精した雌は第4脚より後方が2 mm もの球状に膨大

第 4 章 病気を起こすダニ③（イエダニ，ヒゼンダニなど）

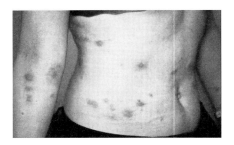

図 4.3 シラミダニによる皮膚炎症状
上肢，腹部に刺し口のある鮮紅色で大型の丘疹，小結節を認める（中山皮膚科クリニック撮影）．

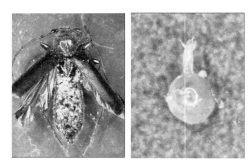

図 4.4 チャイロホソヒラタカミキリの胴体部に寄生したシラミダニ
左：シラミダニが多数寄生したチャイロホソヒラタカミキリ（成虫）の体幹部，右：抱卵した状態のシラミダニ（実体顕微鏡写真）．

し（図 4.4 参照），内部で卵から成虫にまで成長させ，一腹で 200～300 匹が生まれ落ちるという特異な発育を行うことである．この生活史の特徴によって，このダニは少数だけが昆虫などに付いて家の中に侵入した場合でも，ヒトに大きな被害を引き起こすことがある．

　Zaborski（2008）によると，現在知られているシラミダニの種類数は 25 種にも及ぶというが，皮膚炎発症の原因として報告されているものは数種にすぎない．わが国で皮膚炎を引き起こしている種類は *Pyemotes tritici* といわれているが，他の種による皮膚炎の被害も考慮する必要がある．日本におけるシラミダニ刺症の報告例は，甘利（1917）による養蚕農家の事例が最初といわれているが，その後は著者らが調べた限り 15 例足らずと決して多くない．しかし，これらのほか，全国各地の衛生研究所でも皮膚炎の被害苦情の検体からシラミダニが認められるこ

とから，全国の農業，食品，倉庫管理，木材関連等の従事者などに被害がもっと多数発生しているものと思われる．

4.2.5　その他環境由来のダニによる被害

そのほか，私たちの身のまわりの生活環境には多種類・多数のダニが生息しており，ヒトにさまざまな被害が疑われる事例が知られている．たとえば，植物に寄生しているダニによるヒトの皮膚炎への関与である．ある種のハダニ類がヒトに対して皮膚炎を起こしたという事例や，捕食性のツメダニ，ハリクチダニ，コハリダニなどによる皮膚炎例も，各地で少なからず報告されている．このほかにも，トゲダニ亜目やケダニ亜目に属する捕食性のダニ類による皮膚炎の関与は日常的に発生しているものと思われる．

また，食品に発生するコナダニ類などがヒトに搔痒感を引き起こしたという報告も多い．いずれにしても，その被害は一過性のもので，ヒトとは出会いがしらによる突発的なかかわりであると思われるが，これらについては不明な点も多い．

一方で，近年タカラダニやハダニなどによる不快の苦情が全国的に発生している．特に体が大きく鮮やかな色彩を有するダニ類は，肉眼でも判断がつくため不快の苦情対象となりやすい．これらの問題は年々増加しており，今後さらに注目されていくものと思われる．

（髙岡正敏）

引用・参考文献

甘利進一（1917）蚕児，蚕蛾に寄生する壁虱ペディクロイデスに関する研究．養蚕報告，**3**（3）：223.

Baker, E. W. *et al.* (1956) *A Manual of Parasitic Mites of Medical or Economic Importance.* 170p., National Pest Control Ass., New York.

Cross, E. A. and Moser, J. C. (1975) A new, dimorphic species of *Pyemotes* and a key to previously-described forms (Acarina：Tarsonemoidea). *Ann. Ent. Mol. Soc. Am.,* **68**：723.

江原昭三（1980）「日本ダニ類図鑑」．全国農村教育協会，東京．

岸田久吉（1921）再び人尿中のダニに就いて．動物学雑誌，398：438.

北村包彦・笹川正二（1954）「動物性皮膚疾患（日本皮膚科全集10巻第一冊）」．pp.199-246, 金原出版, 東京．

久米井晃子・中山秀夫（2012）マントルピースの薪に由来したシラミダニ刺咬症の親子例．臨床皮膚科，**66**（13），1103-1108.

Miyake, H. and Scriba, E. (1893) Vorlaufige Mitteilung uber einen neuen

menschlichen parasite. *Berl. Klin. Wochenschr. Nr.*, **16**：374.
野澤彰夫（2004）チャイロホソヒラタカミキリ幼虫に寄生したシラミダニ．森林防疫，**153**（2）：1.
大島司郎（1971）新築団地における集団虫咬症とダニ．横浜衛研年報，**9**：63-66.
佐々　学（1965）「ダニ類」．東京大学出版会，東京．
佐々　学・青木淳一（1977）「ダニ学の進歩」．北隆館，東京．
髙岡正敏（2000）総説—わが国における室内塵ダニ調査と検出種の概観．日本ダニ学会誌，**9**（2）：93-103.
髙岡正敏（2013）「ダニ病学」．東海大学出版会，東京．
髙岡正敏ほか（1984）住居内で発生した虫咬症と室内塵中ダニ相との関係．埼玉衛研報，**18**：59-67.
髙岡正敏・浦辺研一・中沢清明（1995）埼玉県衛生研究所に依頼されたダニの苦情及びその考察．埼玉衛研所報，**29**：91-95.
富澤秀雄ほか（1999）外耳道ダニ寄生による耳鳴の1症例．耳鼻咽喉科・頭頚部外科，**71**（4）：276-278.
van Bronswijk, J. E. M. H.（1981）*House Dust Biology for Allergists. Acarologists and Mycrologists*, HIB Publishers, Zeist, Netherland.
山口　昇（1986）シラミダニの学名について．衛生動物，**3**：285.
Zaborski, E. R.（2008）2007 outbreak of human pruritic Dermatitis in Chicago, Illinois caused by an itch mite, *Pyemotes herfsi*（Oudemans, 1936）. *Illinois Natural History Survey, Technical Report*, 2008（17）．

4.3　ヒ ゼ ン ダ ニ

4.3.1　ヒトの体にすむダニ

　ヒトの体にすむダニがいる．といっても心配は無用である．1つはニキビダニ *Demodex folliculorum* で，人にすみ着いても大きな害はない．あと1つはヒゼンダニである．これは疥癬という病気を引き起こし，少しやっかいではあるが，今や治療薬が整備されたため，かかっても容易に治る．本節では，特にヒゼンダニについて述べるが，その前にニキビダニについても簡単にふれておく．

　ニキビダニは顔の毛穴にすむダニであり，形は細長く，体の前端に短い脚が8本ある．童話『ムーミン』に出てくるニョロニョロを連想させる形状である．毛穴1つあたり平均2〜6匹のニキビダニがすんでいるといわれているが，たいていの場合は特に害はない（ペットに皮膚炎を起こすケースはあるようだが）．知らぬが仏で，気にせずに暮らしていたほうが，お互い都合がよいであろう．

4.3.2 ヒゼンダニの生活史

ヒゼンダニが寄生して生じるのが疥癬という病気である．疥癬は，猛烈なかゆみが生じる皮膚疾患として知られる．ヒゼンダニについて生活史や行動を中心に少し詳しくみてみよう．

ヒゼンダニは雌成虫の体長が約 0.4 mm と微細なダニである（図 4.5）．ヒゼンダニは，角質層という皮膚のごく浅いところにすんでいる．角質層は，時間が経つと垢となってはがれ落ちる部分である．日焼けのあと，ラップフィルムのようにひと皮めくれることがあるが，これも角質層が膜状にはがれ落ちたものである．ヒゼンダニは，このすぐにはがれ落ちてしまう角質層の中にいるため，その場に居続けると垢といっしょにはがれ落ちてしまう．そこで，ヒゼンダニは水平方向やや深めにトンネルを掘り続ける．これが疥癬トンネルと呼ばれるすみかである（図 4.6）．ヒゼンダニは疥癬トンネルの先端部にみられ，トンネルの中で産卵する．その卵は 3～5 日で孵化し，幼虫となり，若虫，成虫へと脱皮を繰り返しながら成長する．その生活環は 10～14 日である（大滝，1998；石井ほか，2007）．成虫には雌雄があり，交尾後，雌成虫はまたトンネルを掘り産卵する．寿命が尽きるまで 4～6 週間にわたって 1 日 2～4 個ずつ産卵しながら移動する．ヒゼンダニは吸血性ではなく角質層の滲出液や組織液などを摂取しているようだ（石井ほか，2007）．このようにして，ヒゼンダニは，ヒトの体の中（皮膚）で生活し，増え続ける．虫体が増えると，アレルギー反応で全身にかゆみが生じる（図 4.7）．そのかゆみは筆舌に尽くしがたいほどで，かゆみのため夜も眠れない，かゆみのため目が覚める，かゆみのため仕事にならないなど，激烈なものである．疥癬は，英語ではイッチ itch というが，これはもともと「かゆみ」を意味する単語である．

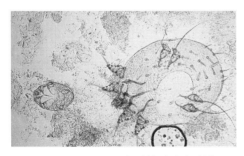

図 4.5 ヒゼンダニの卵（左）と成虫（右）
成虫の体長は約 0.4 mm.
［巻頭カラー口絵 5；図 4.6 も同様］

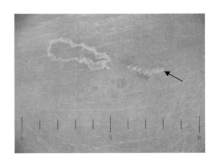

図 4.6 疥癬トンネル
右端に虫体がいる（矢印）．スケールは 1 目盛り 1 mm.

その英名のとおり，疥癬は猛烈なかゆみを生じる．

4.3.3 ヒゼンと肥前

さて，「ヒゼン」は漢字で書くと「皮癬」であり，地名の「肥前」（現在の佐賀県，長崎県の一部に相当する）ではない，と大学ではそのように教わっていた．あるとき『岩波古語辞典』（大野晋他編，岩波書店）でヒゼンダニについて引いてみた．何気なく読み進めていくと，思いもかけない記述に釘づけになった．

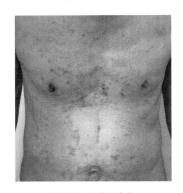

図 4.7 疥癬の患者
体には，多数の掻爬痕がある．

【皮癬・肥前】〈肥前瘡の略〉疥癬．寛永八年，肥前国から流行り始めたのでいう．

肥前の風土病ともとれる記載である．出典が『仮・薬師通夜物語』とあり，原典確認のため探したところ，名古屋の古書店に『仮名草子 薬師通夜物語』が置いてあることがわかった．さっそく購入し，中の崩し文字を読んでいくと，「たれいふともなくひぜん瘡（がさ）といふ．見る人聞く人，ひぜんおこりたるといはぬものなし．同じく寛永十四年に西国肥前（さいこくひぜん）に吉利支丹（キリシタン）という邪法の一揆おこり．」とある．

この文書をみると，寛永の時代に疥癬がはやっていたこと，ヒゼンと自然に呼ばれていたことがわかる．しかし，そのすぐ後に，島原の乱についての記載があり，このときに肥前の地名が偶然に出ていたため，肥前国の風土病と間違えて辞書に転記された可能性がある．

4.3.4 ノルウェー疥癬

疥癬は，重症化するとノルウェー疥癬という状態になる．通常の疥癬では雌成虫が 5 匹以下であることが多いが，ノルウェー疥癬の場合は 100 万〜200 万匹，ときに 500 万匹以上ともいわれ感染力がきわめて強く，恐れられている（石井ほか，2007）．著者がノルウェー疥癬に初めて出会ったのは 2003 年であった．50 km 以上離れた都会の病院から電話があり，ノルウェー疥癬が見つかったが，筆者の勤める病院で入院治療ができないかとの相談だった．紹介元の近くには設備の整った総合病院がたくさんあるが，感染力が強いため近くでの診療を断られたのだろう．ノルウェー疥癬を見たことがなく，特段断る理由もなかったため，当方に

図 4.8 ノルウェー疥癬
手には黄褐色の厚い痂疲（かさぶた）を認める．

転院いただいた．

ノルウェー疥癬患者は高齢の女性で，手にはおびただしい数のかさぶたがこびりついていた．きなこや土埃をまぶしたような外観である（図 4.8）．

かさぶたの正体が気になった．かさぶたは虫体の塊だ，というのを聞いたことがあるが，実際には知らなかった．そこで実体顕微鏡（標本そのままを拡大して観察できる顕微鏡）でかさぶたをのぞいてみると，かさぶた内部には蜂の巣のように穴がたくさんあいており，中には大小さまざまなヒゼンダニが多数うごめいていた．大きいのは成虫，小さいのは孵化したばかりの幼虫だろう．眼下の小さいかさぶたの中に，ヒゼンダニが集団生活をしている．まるで人々が社会生活を営んでいるのを上から眺めているような気分になった．

ノルウェー疥癬は，1848 年にノルウェーの学者が見つけて報告したことに由来する（大滝，1998）．今，公益社団法人 日本皮膚科学会の中で，ノルウェー疥癬ではなく角化型疥癬と呼んだ方がよいという動きがある．ノルウェーに多いわけではなく，ノルウェー人に対する差別用語ではないかという配慮からである．興味があったのでノルウェーのオスロ大学皮膚科に，ノルウェーの方はどう呼んでいるか問い合わせてみたところ，「当大学では，ノルウェー疥癬と角化型疥癬とどちらも使っています．この呼び名に誇りがあるんでしょうね」との回答だった．

4.3.5 ヒゼンダニの寄生実験

「ヒゼンダニが疥癬の原因である．ヒゼンダニは皮膚の中に巣穴を掘り，その巣穴を疥癬トンネルという．」そのように医学書や医学辞典には書かれている．

1834 年フランスのサン・ルイ病院で疥癬患者からヒゼンダニが見つかり，そのヒゼンダニが本当に疥癬を引き起こすのか公開実験が行われている．実験ではア

ルバン・グラという人物が，疥癬患者から取り出したヒゼンダニを自分の腕に乗せガラス板で密閉し，日を追ってダニがどこにいるのか観察をしている．ダニが皮膚の中を掘り進み，日に日に移動をしていくようすが克明に記録されており，昔の人は，えらいことをしたものだと感心した．しかし，最近の医学書には，疥癬トンネルの形成過程を記した書はなく，一度，自分の目で見たいと思っていた．

4.3.6 ヒゼンダニの飼育（図4.9）

ノルウェー疥癬患者が来たときに，かさぶたを直径10cmくらいのプラスチックのシャーレに入れ保存しておいた．翌日，シャーレを実体顕微鏡で観察すると，かさぶたから落ちたヒゼンダニがシャーレの中を歩いているようすが観察できた．

ヒゼンダニに細い注射針で触れると，虫体は針先にすぐにくっつきすくい上げることができる．針先のダニを，自分の手指の上にそっとこすりつけると，ダニは手の指の上で元気よく歩き始める．大きさは指紋の幅1つ分くらいである．爪の上でも皮膚の上でも，裏側に回っても落ちることはない．顕微鏡下で動画を撮り，移動速度を測ってみると，5cm/分であった．1940年代の文献によると移動速度は2.5cm/分と記録されているが，それの2倍くらいの早さである．

その後も観察を続けると，ヒゼンダニは，立ち止まっては掘るような行動を示したり，移動したりを繰り返す．観察から30分ほどした頃，動きを止めてじっとしたり，もぞもぞと体を動かしたりするようになる．さらに30分ほどすると，頭の部分が見えなくなる．ヒゼンダニが潜るさまを具体的に記載した書はないため，これが潜っているところなのかどうか，確証はなかった．

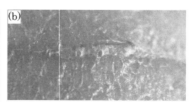
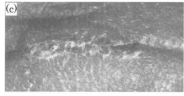

(a) 寄生3日目．右端にヒゼンダニが黒点として見える．
(b) 寄生5日目．疥癬トンネルが伸びつつある．右端にヒゼンダニがいる．
(c) 寄生12日目．疥癬トンネル入り口側（左端）は，落屑が顕著である．ヒゼンダニの住む右端には，落屑がない．

図4.9 疥癬トンネルの成長過程

翌日，観察を継続すると，左手中指の寄生させたところの皮膚に，ダニが体全部を潜り込ませているのがみられた．ヒゼンダニは肉眼では見えないことになっているが，慣れてくると見えるようになる．ヒゼンダニは口と前脚が黒いため，皮膚に潜っていても，黒い点として見える．ルーペがあれば確実に見ることができる．ヒゼンダニは夜行性で夜になるとはいまわるため，夜にかゆみが出ると聞いていたが，どうもそうではないようだ．ヒゼンダニは寄生すると，ずっと皮膚の中に潜ったままで，先端の巣穴のところにいるのが見える．日に日に，疥癬トンネルは少しずつ長くなり，2週間ほどしたころ，右手にかゆみが出始めた．ダニを寄生させたのは左手中指であり右手ではない．よく観察すると，右手にダニがいる．ダニが卵を生み子孫が増えつつあるようで，あわてて左手で飼っていたダニを掘り出すことにし，自分の体を宿主としたヒゼンダニの飼育観察を終えた．

4.3.7　ダニの摘除（図 4.10）

ダニを摘除する動画は，世界でまだ誰も撮っていないようだ．疥癬トンネルの先端部に虫体がいることを確認し，少し手前から，針先を注意深く刺入する．天井部分の角層を掘り起こしていき，天井をはぎ取ると，すぐ下に雌成虫が見え，細かくもぞもぞと体を動かしている．そのすぐ後方には，光沢のある米俵のような物体が2つ並んでおり，それらは生み落とした卵である．これを見るにつれ，映画『エイリアン』が思い出された．遭難した宇宙船の中で，卵が並んでいて，やがて孵化する光景のようである．

4.3.8　疥癬の治療

ほんの10年前までは，疥癬は有効な治療法に乏しかった．しかし，現在は保険

図 4.10　針摘除の方法
(a)　疥癬トンネル上の，ヒゼンダニより少し手前から針先を刺入する．
(b)　疥癬トンネルの天井部をめくると，ヒゼンダニ雌成虫が見える．後方の疥癬トンネル底面に，虫卵が産み付けられている．
(c)　ヒゼンダニに針先が触れると，容易にヒゼンダニがくっついてくる．

適用となっている飲み薬（イベルメクチン）や塗り薬（イオウ剤）による治療ができるようになっている（石井ほか，2007）．また，最近，ピレスロイド系殺虫剤（フェノトリン）配合の外用薬も発売された．今後本剤は疥癬治療の第一選択薬となる可能性があるが，イベルメクチンとの使い分けや併用も考えられる（夏秋，私信）．

　疥癬はこれらの薬剤を用いることで完治が見込まれるが，まれに再発があるため，治療後数ヶ月は症状が再燃していないか注意が必要となる．また，疥癬でやっかいなのは，薬が効いて虫体がいなくなっても，頑固な痒みや湿疹病変が続くことがある点である．これを疥癬後そう痒症と呼んでいる．この場合，イベルメクチンやフェノトリンのような駆虫薬を使用しても効果はない．治療後にも痒みが続く場合には，虫体がいるかどうかを確認して，疥癬が治っていないのか，疥癬後そう痒症なのかを見きわめたうえで，最適な治療法を考える必要がある．

　疥癬は肌と肌の直接接触が感染経路の主体であるので，疥癬にかかった人が他の人と一緒に暮らしていると，その同居人にも感染する可能性がある．もしうつったとしても容易に治療ができるので心配はないが，病院や老健施設への新規入院（入園，入所）時には，皮膚検診を行い疥癬の有無をチェックする必要がある．また，異常があれば皮膚科医に診療依頼することが望ましい．特に患者どうし手をつなぎ合うことの多い介護施設や，入浴や更衣時などに介助を必要とすることが多い施設などでは，通常の疥癬であっても状況に応じてノルウェー疥癬に準じた対策を考慮すべきであり，各施設の実情にあわせて疥癬対策マニュアルを整備することが推奨される．詳しくはガイドライン（石井ほか，2007）を参照されたい．
　　　　　　　　　　　　　　　　　　　　　　　　　　　　　　　（和田康夫）

引用・参考文献

石井則久ほか（2007）「疥癬診療ガイドライン（第2版）」．日皮会誌，**117**：1-13．
大滝倫子（1998）疥癬の流行．衛生動物，**49**：15-26．
大滝倫子（2007）疥癬（Scabies）の歴史．「ダニと新興再興感染症（SADI組織委員会編）」．pp.29-32，全国農村教育協会．

Column 2　動物のヒゼンダニ ―「悪者」といわれるけど―

　本章でヒトのヒゼンダニとして紹介されたセンコウヒゼンダニは，ヒトのほかにも100種類以上の動物への寄生が確認されている．より正確に書くと，100種類以上の動物種で，ヒトのセンコウヒゼンダニと"ほぼ同じ形態"であるヒゼンダニの寄生が確認されている．しかし，それらのヒゼンダニを単純に"単一の種"といってよいかどうかについては，研究者の間で議論が続いている．なぜなら，センコウヒゼンダニは，宿主とする動物に従った系統集団をつくり，それぞれの系統は異なる宿主特異性（特定の生物のみを宿主とする性質）を示すからである．たとえば，イヌを宿主とするセンコウヒゼンダニは，ヒトに一時的に感染するものの，持続感染できない．ヒトの体表上では世代交代できず，ダニが死滅してしまう．このような関係性にある各系統において形態の違いがほとんどみられないというのは，厄介なことである．ながらくの間，動物間における疥癬の交差感染の実態は，感染実験や直接観察で推察するしかなかった．近年になって遺伝学が進展し，センコウヒゼンダニの各系統の関係性がようやく解明され始めてきている．

　センコウヒゼンダニは，ペットや家畜において皮膚病を生じさせる「悪者」として扱われているが，自然界においても悪者なのだろうか．センコウヒゼンダニによる疥癬は，野生動物において重症化しやすく死亡率の高い病気である．そのため，希少種や，島嶼などに生息する動物の個体群の存続に影響を与えうる．一方で，十分な個体数を保有している動物の個体群では，疥癬の流行は個体群の存続に影響を与えていないとされる．すなわち，疥癬の流行によって動物の個体数が減少しても，流行が終息したのちに回復している．むしろ，センコウヒゼンダニによる疥癬はこれらの動物が高密度になると流行し，動物の個体数増加を制約する要因として，生態系のなかで機能していると考えられている．罹患する動物にとっては迷惑かもしれないが，自然界においては，いちがいに悪者といえない面もある．

　センコウヒゼンダニ以外にも，ネコなどに寄生するショウセンコウヒゼンダニ，ウシやヒツジなどに寄生するキュウセンヒゼンダニやショクヒヒゼンダニ，鳥類に寄生するトリヒゼンダニなど，動物に寄生するヒゼンダニは多岐にわたる．どれも皮膚病を生じさせ，悪者とみなされがちであるが，面白いダニたちばかりである．

（松山亮太）

第5章
森のダニ①
(分解者)

5.1 人間の生活圏を離れてみよう

　森に足を踏み入れてみよう．そこにはどんなダニがいるのだろうか？　森林土壌からは，日本に生息しているすべてのダニ亜目が見つかる（表5.1）．ごくまれに動物寄生性のダニも森林土壌から見つかるが，彼らはおもにけもの道のような野生動物の通り道などに多く生息する．

　土壌から見つかるダニ（土壌ダニ）の多くは，トゲダニ亜目，ケダニ亜目，ササラダニ亜目，そしてコナダニ亜目である．1章でもふれたが，動植物等に寄生・加害することなく，人間の生活や経済活動，あるいは，動物への寄生などとは無縁のダニを「自由生活性」，あるいは「自活性」のダニという（「環境ダニ」ということもある）．1 m^2，表土10 cmの土壌あたり，人体や獣に無害なこれら自由生活性のダニは，5万～20万個体が生息している（Perterson, 1982）．このため，群集構造や地理的分布については多くの研究例がある（Behan-Pelletier & Newton, 1999）．土壌ダニは，陸上，表土のいたるところに生息しており，都会の街路樹の植え込み，石畳のすきまの有機物，ビルディングや岩場のコケ，草原，果樹園，そして森林の林床土壌だけではなく時には樹冠の枝葉にまで見出される．ダニのいない土壌環境はないといってよいだろう．

表5.1 森林土壌から見出されるダニ類

トゲダニ亜目	マダニ亜目*	ケダニ亜目	ササラダニ亜目	コナダニ亜目
捕食者	動物寄生	捕食者・腐食者／動物寄生*	腐食者・微生物食	主として微生物食

＊：ごくまれにマダニ類（マダニ亜目），ツツガムシ類（ケダニ亜目）が見つかる．

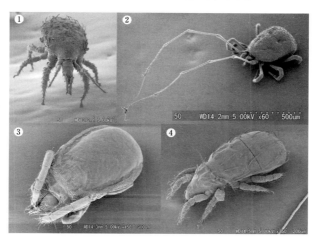

図 5.1　土壌ダニ（①ハエダニ類（トゲダニ亜目），②ウデナガダニ類（トゲダニ亜目），③ヨロイダニ類（ケダニ亜目），④フトゲナガヒワダニ（ササラダニ亜目））
［巻頭カラー口絵 6］

5.2　のんびり森の落ち葉の下で暮らす，小さなダニ

　ほとんどの土壌ダニは，自由生活性である．ケダニ亜目には，幼虫の時期だけ昆虫に寄生し，成虫になると自由生活性になり，森林土壌を気ままに歩き回るものがいる．たとえば，春先のベンチの上を動き回る小さな赤いダニは，カベアナタカラダニ *Balaustium murorum* の成虫である．春先，コンクリートやベンチの上には無数の花粉が落ちており，彼らはこの花粉を食べているらしい．カベアナタカラダニはかつて，ハマベアナタカラダニと呼ばれていた．これは本来，春先に浜辺の石の上で走り回る赤いダニにつけられた名前である．しかし，その後，浜辺にすむダニと，人間に身近なところにすむダニの種類は違うことがわかった．そこで，人間に身近なところにすむ方に「カベアナタカラダニ」という名前がつけられ，区別されている．体が赤いタカラダニは，昆虫の"アクセサリー"のようにも見え，まるで虫の「お宝」だというのがこの名前の由来である．

　一般の森林土壌からツルグレン装置（1 章，図 1.1 参照）を用いた採集を行うと，トゲダニ亜目，ケダニ亜目，ササラダニ亜目の 3 つの目が出現する．採集個体数は生息個体数を反映して，ササラダニ亜目＞トゲダニ亜目＞ケダニ亜目の順になることが普通である．コナダニ亜目もツルグレン装置で採集されることがあ

表 5.2 土壌中に出現するダニ類の 4 つの亜目の区別点（青木，2001 を改変）

	トゲダニ亜目	ケダニ亜目	ササラダニ亜目	コナダニ亜目
体　色	褐〜白	白・緑・赤・黄・褐	黒〜褐〜白	白
身体の硬さ	中〜軟	軟	硬（軟）	軟
口　器	露　出	露　出	隠（露出）	露　出
胴背毛数（対）	30〜50	10〜20（まれに数百以上）	10（まれに 9, 12, 16）	10 前後
周気官	あ　り	な　し	な　し	な　し
胴感毛	な　し	あり／なし	あ　り	あ　り
第 1 脚	細　長	太	太　長	やや太
爪　数（第 1-2-3-4 脚）	2-2-2-2, 0-2-2-2	2-2-2-2	1-1-1-1, 3-3-3-3（まれに 2-2-2-2）	1-1-1-1

る．これら，4 つの亜目の区別点を表 5.2 に示した（青木，2001）．特に，爪の数は容易に数えることができるので，第一段階の区別点として便利である．例外としてケダニ亜目と関係が深いといわれている下等なササラダニ類は，爪が 2-2-2-2（第 1 脚〜第 4 脚の爪の数を示す）である．このような例外は括弧に入れた．なお，本表にあげた特徴は成虫のものであり，幼虫や若虫ではかなり異なることがある（発育ステージについては第 1 章を参照）．土壌ダニの採集や研究法については，金子ほか編（2007）および島野（2015）を参考にされたい．

5.3　分解者としてのササラダニ類

ササラダニ亜目は世界で 1 万種以上が知られており，日本の人為的攪乱の少ない森では 1 m^2 あたり 5 万個体，50 種類を超えることがある．ササラダニ類は落葉などの腐食を食べる腐食者（saprophages）として，生態系では一般に（広義の）分解者（decomposer）とされている．分解には節足動物などが落葉を食べること（粉砕）による物理的な分解と，糸状菌（カビ）や細菌が無機物にする化学的な分解（狭義の分解者）がある（図 5.2）．

一般的には，土壌中における有機物の分解プロセスの大部分は糸状菌・細菌によるものと考えられることが多いが，実際の土壌環境中では，落葉は微生物と同時に多様な土壌動物による分解も受けている．金子ほか（1990）の実験によると，ササラダニが摂食を行ったリターは，対象区と比較して 1 年間で 30% 以上ものリ

5.3 分解者としてのササラダニ類

図 5.2 分解者としての土壌ダニ

土壌ダニ（とりわけササラダニ類）は，森林土壌環境における栄養循環を支えている．落ち葉を食べているだけ（摂食）のようにみえるササラダニ類にも，落ち葉だけから栄養を摂取するもの（消化・吸収），落ち葉と微生物から栄養を摂取するもの，微生物のみから栄養を摂取するものなど，さまざまな餌資源の利用カテゴリーがある．ササラダニ類により物理的な分解が行われることによって，表面積が広がるなどして，微生物（糸状菌や細菌）による化学的な分解が促進される．ササラダニ類の糞はハンバーグ状で，微生物のよい"餌"になるので，「落ち葉のハンバーグ」と親しみをこめて呼ばれることがある．

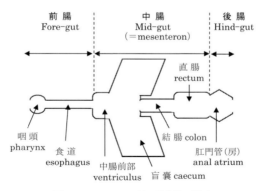

図 5.3 ササラダニ類の消化管の構造

ター分解の促進がみられたという．ササラダニ類の消化管の構造を図5.3に示した．左右一対の鋏角は，別々に前後に動かすことができる．鋏角で挟んだ落ち葉を鋏角の外側のルテルムで引きちぎる．粉砕された落ち葉は，咽頭から食道（esophagus，oesophagus）に入る．食道は長く，ドーナツ状の脳（synganglion）の内側を通っている．次に，胃（中腸前部）の中に入ると，粉砕された落ち葉は，消化酵素の入った多糖類に包み込まれ，こね合わされ消化される．ハンバーグ状になった食物は，その後，胃の出口が開いて腸に送られる．胃に続く結腸の腸壁の細胞には柔らかい突起があり，表面積を増やしている．ここから栄養吸収が行われる．結腸の次には直腸が続き，肛門管（房）を経て，肛門からハンバーグの形の糞として排出される．ササラダニ類の肛門は，観音開きの2枚の硬い扉（肛門板）が特徴的である．

　Schuster（1956）やLuxton（1972）は，分解者としての機能の観点から，ササラダニを食性（food habit）によってさらに以下のような「ギルド（guild）」に分けた（Luxton, 1972；R. A. Nortonによる改変，私信）．
① Macrophytophages　高等植（物）食者
　①-1　xylophages　材食者
　①-2　phyllophages　葉食者
② Microphytophages　微生物食者
　②-1　mycophages　糸状菌食者（酵母を含む）
　②-2　bacteriophages　細菌食者
　②-3　phycophages　藻食者（まれに，植物上のササラダニも該当）
③ Panphytophages（unspecialized）広植食者（特定のものを好まない種）
④ Casual/incidental feeding styles　場当たり的な摂食様式
　④-1　zoophages　動物食者
　④-2　necrophages　死体食者
　④-3　coprophages　糞食者

また，Luxton（1972）によれば，ジュズダニ上科，ツブダニ上科，モリダニ上科は菌類，バクテリア，藻類を栄養源とする典型的な微生物食者であるという．これらのダニの消化管内の観察では，明瞭な植物残渣が見出されることが少なくない．珍しい食性の例として，Rockett & Woodring（1966）が報告したハゲフリソデダニ属 *Pergalumna* の一種は，線虫を好んで食べる．室内実験では，4頭のダニが30頭の線虫を24時間以内に食べ尽したという．

Schuster（1956）と Kaneko（1988）は，ササラダニの食性と口器の形との関係を調べた．特に Kaneko（1988）は，鋏角の可動指（哺乳類の顎に該当）の長さに対する幅の割合を調べ，その割合が60％以上であれば，高等植食者と広植食者となり，60％以下では微生物食者等となり，このカテゴリー（類別）は胃の内容物の観察とよく一致したことを報告している．

　食性において，食べること「摂食」（ingestion）と利用できること「消化」（digestion）は餌資源の利用の観点から区別する必要がある．Siepel & de Reuiter-Dijikman（1993）は，ダニのさまざまな種の3つの消化酵素（セルラーゼ・キチナーゼ・トレハラーゼ）の活性を測定し，食べた餌の何を実際に利用しているのか（消化・吸収）を調べた．セルラーゼの基質は植物壁の主成分であるセルロースであり，キチナーゼは糸状菌の細胞壁の主成分であるキチンを分解する．トレハラーゼは生きた細胞質の構成成分であるトレハロースを分解する．それぞれの酵素活性の有無によって，以下の7つのギルドに分けられた（金子，1995を一部改変；R. A. Norton 私信）．

① Herbivorous grazers　丸のみ型の植食者：緑色植物あるいは藻類を餌資源とする（セルラーゼのみをもつ）［アラメイレコダニ，ザラタマゴダニなど］
② Fungivorous grazers　丸のみ型の菌食者：糸状菌が生きているか死んでいるかにかかわらず菌糸を餌資源とする（キチナーゼとトレハラーゼをもつ）［エンマダニ，ハバビロオトヒメダニなど］
③ Fungivorous browsers　つまみ食い型の菌食者：生きている糸状菌を餌資源とする（トレハラーゼをもつ）［リキシダニ，ウスモンモンガラダニなど］
④ Herbo-fungivorous grazers　丸のみ型の菌・植食者：植物と糸状菌の両方を餌資源とする（3つの酵素をすべてもつ）［ヒメヘソイレコダニ，ヘラゲオニダニなど］
⑤ Oppotunistic herbo-fungivores　機会的菌・植食者：植物と生きた糸状菌を餌資源とする（セルラーゼとトレハラーゼをもつ）［シワイブシダニ，クワガタダニなど］
⑥ Herbivorous browsers　つまみ食い型の微生物食者？：死体（？）および，細菌（？）を餌資源とする（3つの酵素活性が認められない）［クロコバネダニの一種など］
⑦ Omnivores　広域食者：植物，糸状菌遺体（？）と，節足動物（遺体？）を餌資源とする（セルラーゼとキチナーゼをもつ）［ヒワダニなど］

（※筆者注：この報告ではキチナーゼ活性のみをもつものは出現しなかった.）

しかしながら，酵素活性の測定にはダニの体全体を磨粋して用いるので，酵素がダニ自身が出したものなのか，それとも共生微生物がもっていたものなのかは明確ではない．一例として，Smrž & Čatská（2010）はササラダニ類とコナダニ類からキチナーゼを分泌する細胞内共生細菌を単離したことを報告した．今後，このような細胞内共生微生物の研究によって，異なる生息環境とササラダニ種内の食性の変化（Hubert et al., 1999）の要因が明らかになると面白いだろう．

Schneider et al.（2004a, b）は，安定同位体を用いたササラダニ類の食性の解析についてまとめている．36のササラダニ種について，窒素安定同位体比を調べた結果，ササラダニは以下の4つの栄養段階に区分された．

① phytophagous species 植食者：地衣類や藻類を餌資源とする
② primary decomposer 第一次分解者：落葉など植物遺体を餌資源とする
③ secondary decomposer 第二次分解者：菌類と粉砕された植物遺体を餌資源とする
④ predators, carnivores, scavengers, omnivores 捕食者・腐食者：生きた動物，動物遺体，菌類などを餌資源とする

また，同属に所属する種でも異なる栄養段階に属することがある，成虫と幼若虫は同じ餌資源を利用している，そして，それぞれの種の栄養段階は生息場所には依存していない，などの特徴があった．

多様な種の共存機構は，上記のような餌資源のニッチ分化によって支えられていると示唆される．とはいえ，必ずしも特定の餌資源に対して厳密な選好性があるわけではないようだ．Schneider et al.（2004a）は，たとえば，ササラダニは特定の腐生菌を好んで摂食する傾向にあるが，それ以外の腐生菌や菌根菌も摂食することがあるので，（他の土壌動物と比較すると）「"気難しい，あるいは選り好みをする" ジェネラリスト（choosy generalists）」であると結論づけている．

多様な食性をもつササラダニは，森林土壌環境における栄養循環を陰ながら支えているのである．内陸の森林だけではなくマングローブ林（Karasawa & Hijii, 2004）や潮間帯（Pfingstl, 2013）にもササラダニは進出し，生態系に貢献している．

5.4 環境の指標生物としてのササラダニ類

　ササラダニ類は有機物のあるところなら，道路植栽から手つかずの森林まで，どこにでも生息している．季節や天候を問わず採集でき，なおかつ，環境の変化に敏感に反応し群集構造が変化する．このため，世界中で広く環境指標として利用される試みが行われてきた（Behan-Pelletier, 1999）．Maraun（2000）は，食性，生活史戦略，分布パターンなどを考慮して，8つのグループ（フシササラダニ上団 Enarthronota，マドダニ科 Suctobelbidae，イレコダニ科 Phthiracaridae，クワガタダニ属 *Tectocepheus*，有翼類 Poronota，ツブダニ科 Oppidae，カタササラダニ上団 Desmonomata，そして'others（その他いくつかの分類群）'）に着目し，ササラダニ群集のパターンを説明しようと試みた．たとえば，ササラダニ類全体の生息数が少ないときには，有翼類が優先するなどの傾向を報告している．

　また，国内では，青木によってMGP分析（M：Macropylina 接門類，G：Gymnonota 無翼類，P：Poronota 有翼類）による群集評価や，ササラダニ100種によるスコアー法などによっての環境指標化が試みられてきた．MGP分析法は，英語で紹介されなかったために海外ではあまり知られてこなかった．しかしながら，ササラダニ類によるスコアー法は海外でも例をみないユニークな方法である．環境の変化に応答するササラダニ100種を選び出し，最も環境の変化に敏感な種に5点，最も鈍感な種に1点，その間の種に4，3，2という評点を与えて，出現した種の平均したものを環境の自然性の高さの指標とした．原田・青木は，これを事例によって再検討し，合計点で示す方がより明確な指標とできるとした（Shimano, 2011）．

5.5 ササラダニ類の生物多様性

　青木淳一博士が研究を始める前には日本からは6種しか記録のなかったササラダニ亜目は，現在では700を超える種が記載されている．世界のササラダニの分布パターンをみると，高緯度地域では生息する種数が減少し，低緯度地域（赤道付近）に近づくに従って種数が上昇する傾向にある．しかし日本はこのパターンから乖離しており，世界中で一番ササラダニの生物多様性が高い国となっている（図5.4）．ブラジルやロシア，隣国の広大な面積をもつ中国よりも，記録された

第5章 森のダニ①（分解者）

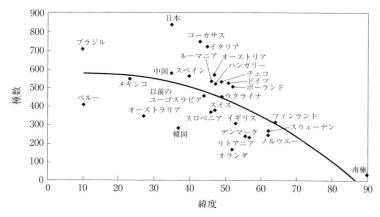

図5.4 緯度とササラダニの種数との関係（Maraun *et al.*, 2007）
緯度が低くなると（赤道に近づくに従って），その地域に生息するササラダニの種数も一般的に増加する．

ササラダニの種数は多いのである．原因は，ササラダニの分類学を進める研究者の多さである．青木（2001）によれば，当時でも12人がササラダニを分類学的に研究しており，圧倒的なササラダニ分類学者の人口が日本にいる．このことで，記録される種数が多くなるため，群を抜いて「種数」が多くなったのである．

また，世界のササラダニ種のリスト（Subías, 2015）を数えたところ，新種を記載した種数では青木淳一博士は歴代の世界中のササラダニ分類学者のなかでも5位で，600種近いササラダニの新種を，日本をはじめ世界中（南海の孤島ヴァヌアツや，ヒマラヤの高地も含む）から記載しているのである．博士は，ご自身で新種の記載を行うだけではなく，門下にそれぞれの分類群を分け与え，日本を「世界で最もササラダニの多様性の高い国」にしたのである．　　　　　（島野智之）

引用・参考文献

青木淳一編（2001）土のダニ．「ダニの生物学」．431p., 東京大学出版会，東京．
Behan-Pelletier, V. M. (1999) Oribatid mite biodiversity in agroecosystems : role for bioindication. *Agric., Ecosyst. & Environ.*, **74** : 411-423.
Behan-Pelletier, V. M. and Newton, G. (1999) Computers in Biology : Linking soil biodiversity and ecosystem function — The taxonomic dilemma. *BioScience*, **49** : 149-153.

Hubert, J., Šustr, V. and Smrž, J. (1999) Feeding of the oribatid mite *Scheloribates laevigatus*（Acari：Oribatida）in laboratory experiments. *Pedobiologia*, **43**：328-339.

金子信博（1995）ササラダニの飼育と観察.「土の中の生き物」（青木淳一・渡辺弘之編). 183p., 築地書館, 東京.

金子信博・片桐成夫・三宅 登（1990）ササラダニによるスギ落葉の分解過程. 日本林学会誌, **72**：158-162.

金子信博ほか編著（2007）「土壌動物学への招待—採集からデータ解析まで」（日本土壌動物学会編). 261p., 東海大学出版会, 東京.

Kaneko, N. (1988) Feeding habits and cheliceral size of oribatid mites in cool temperate forest soils in Japan. *Rev. Ecol. Biol. Sol.*, **25**：353-363.

Karasawa, S.and Hijii, N. (2004) Effects of microhabitat diversity and geographical isolation on oribatid mite（Acari：Oribatida）communities in mangrove forests. *Pedobiologia*, **48**：245-255.

Luxton, M. (1972) Studies on oribatid mites of a Danish beech wood soil. 1. Nutritional biology. *Pedobiologia*, **12**：434-463.

Maraun, M. (2000) The structure of oribatid mite communities（Acari, Oribatida）：patterns, mechanisms and implications for future research. *Econography*, **23**：374-383.

Maraun, M., Schatz, H. and Schew, S. (2007) Awesome or Ordinary? Global diversity patterns of oribatid mites. *Ecography*, **30**：209-216.

Perterson, H. (1982) Structure and size of soil animal population. *Oikos*, **39**：306-329.

Pfingstl, T. (2013) Population dynamics of intertidal oribatid mites（Acari：Cryptostigmata）from the subtropical archipelago of Bermuda. *Exp. Appl. Acarol.*, **61**：161-172.

Rockett, C. L. and Woodring, J. P. (1966) Oribatid mites as predators of soil nematodes. *Ann. Ent. Soc. Amer.*, **59**：669-671.

Schneider, K. *et al.* (2004a) Feeding biology of oribatid mites：a minireview. *Phytophaga*, **14**：247-256.

Schneider, K. *et al.* (2004b) Trophic niche differentiation in oribatid mites（Oribatida, Acari）：evidence from stable isotope ratios（^{15}N/^{14}N）. *Soil Biol. Biochem.*, **36**：1769-1774.

Schuster, R. (1956) Der Anteil der Oribatiden an den Zersetzungsvorgängen im Boden. *Zeitschr. Morphol. Ökol. Tiere*, **45**：1-33.

島野智之（2015）「ダニ・マニア（増補改訂版）」. 231p., 八坂書房, 東京.

Shimano, S. (2011) Aoki's oribatid-based bioindicator system. *Zoosymposia*, **6**：200-209.

Siepel, H. and de Ruiter-Dijkman, E. M. (1993) Feeding guilds of oribatid mites based on their carbohydrase activities. *Soil Biol. Biochem.*, **25**：1491-1497.

Smrž, J. and Čatská, V. (2010) Mycophagous mites and their internal associated bacteria cooperate to digest chitin in soil. *Symbiosis*, **52**：33-40.

Subías, L. S. (2015) Listado Sistemático, sinonímico y Biogeográfico de los Ácaros Oribátidos（Acariformes, Oribatida）del Mundo [updatedversion Jan. 2015].

(http://escalera.bio.ucm.es/usuarios/bba/cont/docs/RO_1.pdf)

Column 3　ケモチダニとは？

　哺乳動物の食虫類や翼手類，げっ歯類，有袋類の体表には，ケモチダニが終生寄生している．ケモチダニは，ダニ目，ケダニ亜目，ケモチダニ科（ケモチダニ亜科，ムカシケモチダニ亜科の2亜科）を示す総称である．日本ではケモチダニ亜科の16属49種が確認されている．

　ケモチダニは，卵から孵化すると，幼虫，第1～3若虫，成虫へと成長する．食性はおもに宿主の組織液だが，宿主に対し深刻かつ直接的な病害を及ぼすことは少ない．また，ケモチダニはその名のとおり，宿主の体毛をつかむのに特化した形態が特徴である（内川，1977）．

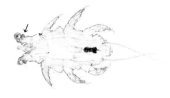

図1　オオアシトガリネズミの体毛上を歩くエゾガリネズミナガケモチダニ

図2　エゾガリネズミナガケモチダニの雌成虫（矢印が第1脚：体長約0.5 mm）

　体長は0.5 mm程度で，体色は透明感のある白色だが，注視すれば肉眼でも認識できる．体形は背腹に扁平だが，胴体部や脚にぷっくりとした厚みがある．特に，第1脚は毛をつかむのに特化した形状で，他の脚とは著しく異なる．ケモチダニの同定は，第1脚の形状や脚末節の爪の有無，剛毛の配置などで判断するが，幼若期は記録が少なく，現時点では国内では成虫のみ検索表が設けられているにすぎない．

　ケモチダニは，宿主に適応するなかで，その形態をさまざまに変化させてきた．たとえば，北海道に生息するオオアシトガリネズミ *Sorex unguiculatus* とバイカルトガリネズミ *S. caecutiens* にはそれぞれ，エゾガリネズミナガケモチダニ *Amorphacarus yezoensis* と（Lukoschus *et al.*, 1985），キタトガリネズミナ

ガケモチダニ A. elongatus が寄生する（内川，1977）．本州に生息し，過去にバイカルトガリネズミと同種とされていたシントウトガリネズミ S. shinto にはトガリネズミナガケモチダニ A. alpinus が寄生する（Ono & Uchikawa, 1975）．このように，ごく近縁な宿主動物種の間でも異なるケモチダニ種が寄生するという宿主特異性は，宿主の生態や系統関係を類推するうえでも，新たな見解をもたらすかもしれない（内川，1984）． 　　　　　　　　　　　　　　　　　　　　　　　　　　　　（髙田　歩）

引用・参考文献

Lukoschus, F. S., Ono, Z. and Uchikawa, K.（1985）*Amorphacarus yezoensis* spec. nov.（Acarina：Prostigmata：Myobiidae）from *Sorex unguiculatus*（Mammalia：Insectivora：Soricidae）. *Zool. Meded.*, **59**：283-297.
Ono, Z. and Uchikawa, K.（1975）Two new myobiid mites（Acarina, Myobiidae）parasitic on *Sorex shinto*（Insectivora, Soricidae）from central Honshu, Japan. *Annot. Zool. Jpn.*, **48**：49-54.
内川公人（1977）日本産食虫類および齧歯類に寄生するケモチダニ類．「ダニ学の進歩」（佐々　学・青木淳一編）．pp.415-432，図鑑の北隆館，東京．
内川公人（1984）外部寄生虫の生物指標性について．成長，**23**：71-77．

第 6 章
森のダニ②
(虫に乗るダニ)

6.1 ダニの食性と生息場所の多様性

　動物のなかで最も多様な仲間は昆虫綱であり，既知種数が 100 万種を超え，推定では 300 万〜8000 万種といわれている．それに比べるとダニ目は既知種数約 5 万 5000 種，推定種数 50 万〜100 万種で（Walter & Proctor, 2013；Zhang, 2013），種数のうえでは昆虫には遠く及ばない．しかし，ダニ類の食性や生息場所の多様性は，昆虫のそれらに匹敵するものがある．

　捕食性（肉食性）や腐食性がほとんどを占めるクモガタ綱のなかで，ダニ類の食性の多様さは突出しており，捕食性，植食性，花粉食性，蜜食性，落葉食性，菌食性，細菌食性，腐食性，吸血性などが知られる．捕食性の種類はトゲダニ亜目，ケダニ亜目に多くみられ，おもに線虫，ミミズ，ダニのほか，トビムシやハエなど小型の昆虫の卵，幼虫，成虫などを捕食する．トゲダニ亜目のほとんどの科は捕食性の種を含む．ケダニ亜目では，ハシリダニ科 Eupodidae，アギトダニ科 Rhagidiidae，テングダニ科 Bdellidae，ヨロイダニ科 Labidostommatidae，ツメダニ科 Cheyletidae，ハモリダニ科 Anystidae，タカラダニ科 Erythraeidae などが代表的な捕食者であろう．捕食性の種類には害虫の生物防除に利用可能なものがいくつか知られている．カブリダニ科 Phytoseiidae が植食性ダニ類の捕食者であることは広く知られているが，ほかにもトゲダニ科 Laelapidae，ヤドリダニ科 Parasitidae などの種が植食性昆虫の幼虫やダニ類などを捕食する．植食性の種はケダニ亜目で広く見られ，300 属 4000 種を超える（Krantz & Walter eds, 2009）．その代表はハダニ科 Tetranychidae，フシダニ科 Eriophyidae であり，いずれも鋏角が針状に変形していて，植物の表皮に差し込んで組織液を吸う．ほかにネギなどユリ科植物の根を食害するロビンネダニ *Rhizoglyphus robini*，ホウレ

ンソウの葉を食害するホウレンソウケナガコナダニ Tyrophagus similis などコナダニ亜目の植食性ダニ類もいる（10章参照）．花粉食性，蜜食性はトゲダニ亜目のカザリダニ科 Ameroseiidae，ホソゲマヨイダニ科 Melicharidae，マヨイダニモドキ科 Blattisociidae などマルハナバチ，ミツバチ，チョウ，ハチドリなどに乗って花の間を移動する仲間でみられる（Walter & Proctor, 2013）．落葉食や菌食，細菌食はおもにササラダニ亜目でみられる（5章参照）．腐食性はマダニ亜目以外でみられ，落葉食性の仲間とともに，土壌生態系における動植物遺体の分解に重要な役割を果たす．吸血性ダニ類はマダニ亜目のすべての種でみられ，トゲダニ亜目，ケダニ亜目，コナダニ亜目の一部も動物の血液や組織液を摂取する．

　生息場所もじつに多様である．8章にあるように住居内にもダニは発生するが，ほとんどの種は野外に生息し，土壌の表面，土中，脊椎動物や節足動物の体内・体表，哺乳類や鳥類の巣内や，アリ，ハチ，シロアリなど社会性昆虫の巣内，植物の葉の表面，落葉表面や内部，樹木の樹幹や林冠部，海岸の潮間帯，海岸の砂の隙間，海，河川，池沼などにみられる．土壌にはトゲダニ亜目，ケダニ亜目，ササラダニ亜目の仲間がみられ，個体数の多さはササラダニ＞トゲダニ＞ケダニの順になることが多い．落葉表面や腐植層では多くのササラダニ亜目のほか，トゲダニ亜目のキツネダニ科 Veigaiidae，ホコダニ科 Parholaspididae，ハエダニ科 Macrochelidae，ヨコスジムシダニ科 Digamasellidae，マヨイダニ科 Ascidae，ケダニ亜目のヨロイダニ科，ハシリダニ科，アギトダニ科，テングダニ科などがみられ，土壌のやや深いところではトゲダニ亜目のコシボソダニ科 Rhodacaridae，ケダニ亜目のアギトダニ科，テングダニ科などがみられる（Krantz & Walter eds, 2009）．脊椎動物の体表にはマダニ亜目，トゲダニ亜目のトゲダニ科，オオサシダニ科 Macronyssidae，コウモリダニ科 Spinturnicidae，ケダニ亜目のツメダニ科，コナダニ亜目のウモウダニ類などが，体内にはトゲダニ亜目のハナダニ科 Rhinonyssidae，ハイダニ科 Halarachnidae，ケダニ亜目のヤワスジダニ科 Ereynetidae，クロアカダニ科 Cloacaridae などが知られる．節足動物の体内，体表，巣内はおもにトゲダニ亜目，ケダニ亜目，コナダニ亜目のダニ類が，植物の葉の表面にはトゲダニ亜目のカブリダニ科，ケダニ亜目のハダニ科，フシダニ科など，海岸の潮間帯にはトゲダニ亜目のイソトゲダニ科 Halolaelapidae やケダニ亜目のテングダニ科など，海岸の砂の隙間にはケダニ亜目のヒモダニ科 Nematalycidae，海にはケダニ亜目のウシオダニ科 Halacaridae，淡水にはオオミズダニ科 Hydrachidae など，枚挙にいとまがない．海から陸までありとあらゆる

環境に住んでいて，ダニがいない場所を探すのが難しいほどであり，生息場所の多様性としては昆虫類をしのぐかもしれない．

6.2 便 乗 と は

ダニのなかには生息場所を移動する際に他の動物を乗り物として利用する種類がおり，便乗性ダニ類と呼ばれている．ダニは体が小さく，移動能力も限られているが，より大型で飛翔能力があり，活動範囲の広い動物（おもに昆虫類）に乗ることで，遠く離れた場所に移動できる．

ダニ類の便乗についてはさまざまな定義が提案されているが，現在広く用いられているのは Farish & Axtell（1971）による「ある動物（便乗者）は他の動物（宿主）を積極的に探し一時的に付着し，付着している間は繁殖も摂食も行わない．付着することにより，繁殖や成長に不適当な場所から分散できる」という定義だろう．

便乗性ダニ類の多くは一時的かつパッチ状に存在する場所，たとえば，獣糞，死体，キノコ類，朽木などにみられる（Hunter & Rosario, 1988）．便乗性ダニ類はこれらの場所を渡り歩いて餌を見つけ，繁殖することになる．そのときに必要不可欠なのが適当な場所に運んでくれる宿主の存在であるが，決まった場所に運んでもらうには，その場所を利用している宿主に便乗しなければならないだろう．実際に，便乗性ダニ類の宿主に対する選好性は，宿主の食性や生息場所と強く関連しており，たとえば，ヤドリダニ科の *Poecilochirus* 属（図6.1A）は死体食性のモンシデムシ類に便乗し，死体の肉汁やそこに発生するハエや線虫などを捕食し，ハエダニ科（図6.1B）は食糞性コガネムシ類に便乗し，獣糞内の線虫やハエの卵などを捕食する（高久，2007）．

便乗はトゲダニ亜目，ケダニ亜目，コナダニ亜目，ササラダニ亜目でみられ，多くの場合，ある決まった発生段階（ステージ）で便乗する．たとえば，トゲダニ亜目のヤドリダニ科は第2若虫，ハエダニ科は成虫（おもにメス），ケダニ亜目のヒナダニ科はメス，ヤワスジダニ科では第3若虫，コナダニ亜目は第2若虫が便乗している（次々頁・表6.1参照）．便乗性ダニ類は宿主体表を歩き回ったり（図6.1A），採餌に使う鋏角で毛を挟んでしがみついたりする仲間（図6.2A）もいるが，便乗に適応した特殊な形態をもつものも多い．たとえば，イトダニ科の第2若虫は肛門腺の分泌物が固化した肛門柄で宿主に付着する（図6.2B）．コナ

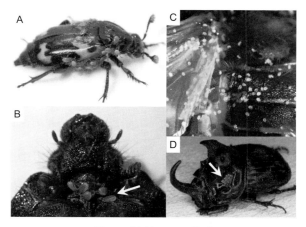

図 6.1 ［巻頭カラー口絵 8］
A：マエモンシデムシ体表に便乗するヤドリダニ科 *Poecilochirus carabi* complex 第 2 若虫．B：センチコガネ腹面に見られるハエダニ科の一種 *Macrocheles* sp. 雌（矢印）．C：センチコガネ後翅，腹部背面に見られるコナダニ亜目の一種．D：ダイコクコガネの前胸背面に見られるヤドリダニ科第 2 若虫（矢印）．

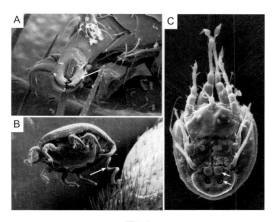

図 6.2
A：鋏角（矢印）で宿主の体毛を挟んで便乗するハエダニ科の一種（雌）（高久，1994 を改変），B：肛門柄（矢印；肛門から出す分泌物）で付着するイトダニ科の一種（第 2 若虫），C：体の後端に付着用の吸盤（矢印）をもつコナダニ類のヒポプス（第 2 若虫）．

ダニ亜目のヒポプスと呼ばれる第 2 若虫は口を欠き，脚も退化的だが，体の後端に発達した吸盤をもち宿主に付着する（図 6.2C）．ササラダニ亜目のニセイレコダニ属 *Mesoplophora* の一種では，前体部前端と生殖門板でクロツヤムシ科甲虫

表 6.1 モンシデムシ体表上にみられるトゲダニ類の発生段階，出現部位，付着器官 (Schwarz et al., 1998 を改変)

種　名	発生段階	出現部位	付着器官
Poecilochirus carabi（ヤドリダニ科）	第 2 若虫	頭部，胸部*	爪間体
Poecilochirus necrophori（ヤドリダニ科）	第 2 若虫	頭部，胸部*	爪間体
Poecilochirus subterraneus（ヤドリダニ科）	第 2 若虫	鞘翅下	爪間体
Macrocheles nataliae（ハエダニ科）	成虫♀	後基節後方	鋏角
Macrocheles merdarius（ハエダニ科）	成虫♀	後基節後方	鋏角
Alliphis necrophilus（ヤリダニ科）	成虫♀，♂	前胸気門	鋏角
Neoseius novus（イトダニ上科）	第 2 若虫	頭部腹側，前脚	肛門柄

＊：モンシデムシ体表上を自由に動き回る．

の体毛をはさみこんでしがみつくが（図 1.1a 中央），生殖門板には突起があり，その突起に体毛がはまり込む（Norton, 1980）．

　宿主に複数種の便乗性ダニ類がみられる場合，分類群によって付着する場所が異なることがある．たとえば，モンシデムシ類体表では，ヤドリダニ科の *Poecilochirus* 属の体表上を動きまわる種や鞘翅下に潜んでいる種，前胸気門のくぼみにいるヤリダニ科 Eviphididae（表 6.1），鞘翅下に生息するポリプダニ科 Podapolipidae のダニがみられる（Schwarz et al., 1998；Kurosa et al., 2004）．また日本に生息するセンチコガネでは腹側の頭部と前胸の境目にハエダニ類が多く，鞘翅下にはコナダニ亜目のダニ類がみられる（図 6.1B, C）．マツノマダラカミキリに便乗するヨコスジムシダニ科のオナガヨコスジムシダニは，カミキリの頭部下面から前胸腹面，フキコヨコスジムシダニは腹部気門周辺，腹部側板から背板に分布する（田村・遠田，1980）．種間で場所をめぐる競争があるのか，あるいは食性の違い，体サイズの違いが関係しているのかは不明である．

6.3　昆虫との関係

　生物間の種間相互作用には，主要なものとして競争，相利共生，片利共生，寄生などが知られる．単に共生 symbiosis という言葉もあるが，本来は 2 つの生物がともに生活することを意味し，すべての種間相互作用を含んだり，相利共生に限定して用いられたりする場合もある．

　上述の便乗は，便乗者が宿主を移動手段として用い，宿主には影響を与えないことから片利共生の 1 つとみなされるが，真に片利共生的であるのか，あるいは

6.3 昆虫との関係

表6.2 ダニと動物のさまざまな関係（Walter & Proctor, 2013を改変）

ダニ	宿主およびみられる場所	宿主との関係
アカリンダニ *Acarapsis woodi*（ホコリダニ科 Tarsonemidae）	ミツバチの気管	寄生（宿主の血リンパを吸収）
Antennequesoma（Trachyuropodidae）	グンタイアリの触角柄節	労働寄生（餌を盗み取る）？
ツメダニ科（Cheyletidae）のさまざまな属	鳥類の羽軸	相利共生（羽毛に寄生するダニを捕食）
クロアカダニ科（Cloacaridae）	カメの総排出腔の粘膜	寄生（宿主の血液や粘膜組織を摂取）？
Coreitarsonemus（ホコリダニ科 Tarsonemidae）	カメムシの臭腺	寄生？
ニキビダニ（ニキビダニ科 Demodicidae）	ヒトの顔，まつ毛，眉毛の毛穴，毛包	片利共生（ときに吹き出物や皮膚炎を起こす）
モスイヤーマイト *Dicrocheles*（ワクモ科 Dermanyssidae）	ヤガの聴覚器（耳）内	血リンパを摂取；片耳のみに寄生し，宿主が聴覚を失うのを避ける
Enterohalacarus minutipalpis（ウシオダニ科 Halacaridae）	ウニの腸管内	寄生？
Entonyssinae（トゲダニ科 Laelapidae）	ヘビの肺	寄生
Gastronyssus bakeri（コウモリハラダニ科 Gastronyssidae）	オオコウモリの胃粘膜	寄生？
Hypodectes propus（Hypoderidae）	ハトの皮下脂肪内	寄生（宿主の脂肪から栄養物を摂取）
Kennethiella trisetosa（キノウエコナダニ科 Winterschmidtiidae）	カリバチのアカリナリア（ダニポケット）内	ハチの幼虫に寄生（相利共生？）
Larvamima（Larvamimidae）	グンタイアリの育房内	アリの幼虫に擬態；アリの幼虫を捕食？
Macrocheles lukoschusi（ハエダニ科 Macrochelidae）	ナマケモノの肛門周囲	宿主の糞や直腸にいる寄生性線虫を捕食？
Macrocheles rettenmeyeri（ハエダニ科 Macrochelidae）	グンタイアリの脚の蹠節	アリの血リンパを摂取？；アリの爪として機能
Opsonyssus（コウモリハラダニ科 Gastronyssidae）	オオコウモリの眼球（角膜，眼窩）	寄生？
Orthohalarachne（ハイダニ科 Halarachnidae）	アザラシの鼻腔や肺	寄生：宿主の血液，粘膜組織を摂取
Paraspinturnix globosus（コウモリダニ科 Spinturnicidae）	越冬中のヒナコウモリの肛門内側	寄生？
Rhinoseius（マヨイダニ科 Ascidae）	ハチドリの鼻孔	花の間を移動するためにハチドリを利用
Riccardoella limacum（ヤワスジダニ科 Erynetidae）	ナメクジの肺	寄生
Trochometridium（Trochometridiidae）	ハチ（alkali bee）の育房	宿主の卵を捕食；宿主や巣内の餌に発生する菌類を摂取
Vatacarus（ツツガムシ科 Trombiculidae）	ウミヘビの気管内	寄生

宿主に対して利益または害を与えていることが単にわかっていないだけなのかを判断するのは難しい．実際に宿主の適応度（産卵数，生存率など）に影響があるか詳しく調べられている例は限られている．本節では，相利共生，片利共生，寄生の3つに関して，これまでに明らかにされている事例をもとに紹介する．Walter & Proctor（2013）には動物とかかわりのあるさまざまなダニ類が紹介されている（表6.2）．いくつかは本節で取り上げるが，それ以外に関しては彼らの著書をご参照いただきたい．また本章では節足動物，特に昆虫とダニとのかかわりを扱う．これは昆虫の体表などから多数のダニ類が記録されているからであり，たとえば，トゲダニ亜目では45科285属1730種を超える種が節足動物とかかわりをもち，うち95％が昆虫（おもにコウチュウ目，ハチ目，ハエ目，チョウ目）から知られている（Hunter & Rosario, 1988）．脊椎動物，特にヒトとの関係については他の章（2〜4章など）を参照いただきたい．

6.3.1 相利共生

ダニと宿主の昆虫との間に相利共生があることを明らかにした研究例は少なく（Eickwort, 1990），観察例から相利共生が推測されている例が多い．たとえば，木材の害虫であるキクイムシ *Dendroctonus frontalis* と，それに便乗するヨコスジムシダニ科の *Dendrolaelaps neodisetus* の関係を調べた結果では，ダニがいないキクイムシよりもダニがいる方が，キクイムシの寄生性線虫（線虫はキクイムシのメスの産卵数を減少させる）の寄生率が低く，またダニは線虫を捕食する能力があることから，キクイムシとダニの間に相利共生の関係があることが示唆されている（Kinn, 1980）．操作実験をもとに相利共生を検証している数少ない研究例の1つがモンシデムシとヤドリダニの例である．モンシデムシ類は雌雄ペアで，小型脊椎動物の死体を肉団子のように丸めて土の中に埋め，それを餌にして幼虫を育てる亜社会性の昆虫である．ヤドリダニ科の *Poecilochirus carabi* complex（以下ダニ）はモンシデムシ類（以下シデムシ）に便乗し，死体周囲のハエの卵，幼虫や線虫などを捕食する．ダニはシデムシの巣内で繁殖，成長し，シデムシの親個体や子世代に便乗して巣から分散する．Wilson & Knollenberg（1987）はシデムシ数種とダニを用いて18の実験を行っているが，多くの場合でダニはシデムシの適応度に正の影響も負の影響も与えず中立であるが，一部の実験ではダニがいる方がシデムシの繁殖成功率が有意に高いこと，すなわち相利共生的関係の存在が明らかにされた．またダニの個体数が著しく増えたときにのみ

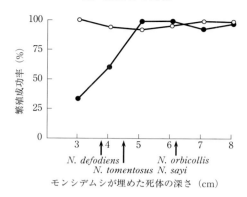

図 6.3 モンシデムシの 1 種 *Nicrophorus tomentosus* が埋めた死体の深さと繁殖成功率
（Wilson & Knollenberg，1987 をもとに作図）
矢印はモンシデムシ各種が埋める死体の深さの平均値．○：ヤドリダニ *Poecilochirus* sp. がいる場合，●：ヤドリダニがいない場合．

有害であることも示されている．相利共生的関係が示されたシデムシの一種 *Nicrophorus tomentosus* は死体を浅く埋めるため，競争者であるハエに産卵されやすくなるが，ダニがハエの卵を攻撃することでシデムシの繁殖成功が相対的に高まる（図 6.3）．一方，別のシデムシ種の *Nicrophorus defodiens* も死体を浅く埋める種であるが，ダニの有無で適応度に差はない．このシデムシは死体を落葉で覆うことでハエの産卵を防いでいるようだ．

6.3.2 片利共生

多くの便乗性ダニ類は宿主と片利共生の関係にあると推測される．実際に宿主と種特異的な関係がほとんどみられない食糞性コガネムシとトゲダニ類の関係はまさに片利共生的であり，トゲダニはコガネムシに便乗し，牛糞などにたどり着くとコガネムシから降り，線虫やハエの卵，幼虫などを捕食し，交尾・繁殖を行い，次世代のトゲダニは別のコガネムシに乗って分散する．宿主であるコガネムシには害を与えることなく，分散のためだけにコガネムシを利用しているのだろう．ただ，ダニの有無によるコガネムシの生存率，産卵数など適応度の違いについて調べられた例がなく，真の片利共生なのかは不明である．

アリやハチなどの真社会性昆虫に便乗し巣の中に侵入するダニ類は，巣内の廃棄物を食べる腐食者や他の動物を食べる捕食者，あるいは宿主の餌を食べる盗食寄生であることが多く，宿主に害を与えることはほとんどないようである（Okabe，

2013). その点では片利共生といえるが, 宿主の体表や巣内の餌などに発生する菌, 細菌などを除去したり, 死体を食べたりすることで巣内の衛生が保たれるのであれば, 宿主にとっては利益があり, 相利共生といえる (Eickwort, 1990).

奇妙な片利共生の例として, グンタイアリの一種 *Eciton dulcium crassinode* にみられるハエダニ *Macrocheles rettenmeyeri* があげられる (図6.4). このダニは, 鋏角を使ってアリの後脚の爪の間にある爪間体の膜にしがみついている. おそらくアリの体液を吸っているものと思われるが, 詳しいことはわかっていない. このダニは第4脚が巨大化しており, 常にゆるやかなカーブを描いて曲がっており, まるでアリの爪のように働く (Rettenmeyer, 1962). このダニの同属の別種 *M. dibamos* は, 近縁のグンタイアリ *Eciton vagans mutatum* にみられ, これもまたアリの後脚爪間体に付着する. このダニの脚は巨大化していないが, やはりアリの爪のように働くという. それぞれ種特異的なアリとダニとの特殊な関係であるが, アリの爪のように働くことが双方にとってどれほどメリットがあるのか定かではない.

図6.4 グンタイアリの爪につくハエダニ

最後に, 12章で紹介されているアリの巣内のササラダニの例であるが, 片利共生あるいは相利共生と考えられる. ササラダニは生活をアリに依存しており, アリはササラダニを非常食として利用する. このことから相利共生にみえるが, ササラダニの有無, 餌の多寡で女王の産卵数, 働きアリや幼虫の生存率に有意な差はなく, ササラダニがいる場合に働きアリの平均産卵数 (このアリ *Myrmecina* sp. は働きアリも産卵可能) が増えるだけであった (Ito, 2013). アリがササラダニから受ける利益はごく限られていることから, 片利共生に近いと考えられるが, 非常食が必要になるより厳しい気象条件下 (エルニーニョによる長期間の乾季など) でササラダニはアリの役に立つかもしれない (Ito, 2013).

6.3.3 寄　　生

最後は寄生に関してだが, 明らかに害のある致死的な例はわかりやすいが, 致死ではないが適応度に悪影響を与える場合に関しては検証例は限られている. 相利共生で紹介したモンシデムシとヤドリダニの例のように, ダニの数が通常より

も多くなった場合には発育の遅延，生存率の低下などがみられるが，それは常態ではなく例外的なものであろう．

　致死的な寄生の例として，ミツバチの気管内に寄生するアカリンダニ *Acarapis woodi*（ホコリダニ科）がある（コラム参照）．アリに寄生するイトダニの例もある．トゲダニ亜目イトダニ科の *Macrodinychus sellnicki* の若虫は，アメイロアリの仲間の *Paratrechina fulva* の蛹に外部寄生し体液を吸い，ダニが成虫になるときにはアリは死ぬ（González et al., 2004）．また，南西諸島のオオズアリ属に寄生するヨナグニオオイトダニ *Macrodinychus yonakuniensis* は若虫がアリの蛹腹部に寄生し体液を吸い，成虫になるとアリから離れるが，アリの蛹は成長不良で死ぬ場合が多い（丸山ほか，2013）．沖縄島のツヤオオズアリ *Pheidole megacephala* にも類似のイトダニがみられ同属または同種の可能性が高く，アリの巣の9割以上に寄生している（Le Breton et al., 2006）．

　致死的ではないが，ショウジョウバエの一種 *Drosophila nigrospiracula* の腹部に寄生しているタイヒハエダニ *Macrocheles subbadius*（ハエダニ科）では，ダニがハエの体液を吸っていることが放射性同位体を用いた実験で明らかにされ，ダニの寄生によりハエは体重の減少，寿命の短縮，産卵数の減少など不利益を被ることが実験で示されている（Polak, 1996）．ハエダニ類の多くは単なる便乗と思われているものが多いのだが，調べてみると宿主の適応度を害している場合もあるということを如実に示した好例であろう．

　最近のダニと昆虫の共生関係に関するレヴューでは，種特異的な共生関係の多くの例は便乗から進化したのではないかといわれている（Okabe, 2013）．ダニと昆虫の相互作用を考えるうえで，便乗は外せないキーワードの1つであり，便乗のなかにはまだまだ未知の関係をもったダニたちがいる．ダニと昆虫の関係は今後もますます魅力的な研究材料になるだろう．なお，紙幅の都合で，ダニと昆虫の共生関係のごく一部しか紹介することができなかったが，共生関係についてはOkabe（2013）による優れたレヴューがあるので，ぜひご参照いただきたい．

（高久　元）

引用・参考文献

Eickwort, G. C. (1990) Associations of mites with social insects. *Ann. Rev. Entomol.*, **35**: 469-488.

Farish, D. J. and Axtell, R. C.（1971）Phoresy redefined and examined in *Macrocheles muscaedomesticae*（Acarina：Macrochelidae）. *Acarologia*, **13**：16-29.
González, V. E., Gomez, L. A. and Mesa, M. C.（2004）Observations on the biology and behavior of the mite *Macrodinychus sellnicki*（Mesostigmata：Uropodidae）, ectoparasite of the crazy ant *Paratrechina fulva*（Hymenoptera：Formicidae）. *Rev. Colomb. Entomol.*, **30**：143-149.
Hunter, P. E. and Rosario, R. M. T.（1988）Associations of Mesostigmata with other arthropods. *Ann. Rev. Entomol.*, **33**：393-417.
Ito, F.（2013）Evaluation of the benefits of a myrmecophilous oribatid mite, *Aribates javensis*, to a myrmecine ant, *Myrmecina* sp. *Exp. Appl. Acarol.*, **61**：79-85.
Kinn, D. N.（1980）Mutualism between *Dendrolaelaps neodisetus* and *Dendroctonus frontalis*. *Environ. Entomol.*, **9**：756-758.
Krantz, G. W. and Walter, D. E. eds（2009）*A Manual of Acarology, 3rd edition*. 807p., Texas Tech University Press, Texas.
Kurosa, K., Khaustov, A. and Husband, R. W.（2004）A new genus and three new species of Podapolipidae（Acari：Tarsonemina）parasitic on *Nicrophorus* and *Silpha*（Coleoptera：Silphidae）in Japan and Ukraine. *Int. J. Acarol.*, **30**：313-327.
Le Breton, J., Takaku, G. and Tsuji, K.（2006）Brood parasitism by mites（Uropodidae）in an invasive population of the pest-ant *Pheidole megacephala*. *Insectes Soc.*, **53**：168-171.
丸山宗利・小松　貴・工藤誠也・島田　拓・木野村恭一（2013）「アリの巣の生きもの図鑑」. 208p., 東海大学出版会, 神奈川.
Norton, R. A.（1980）Observations on phoresy by oribatid mites. *Int. J. Acarol.*, **6**：121-130.
Okabe, K.（2013）Ecological characteristics of insects that affect symbiotic relationship with mites. *Entomol. Sci.*, **16**：363-378.
Polak, M.（1996）Ectoparasitic effects on host survival and reproduction：the *Drosophila-Macrocheles* association. *Ecology*, **77**：1379-1389.
Rettenmeyer, C. W.（1962）Notes on host specificity and behavior of myrmecophilous macrochelid mites. *J. Kansas Entomol. Soc.*, **35**：358-360.
Schwarz, H. H., Starrach, M. and Koulianos, S.（1998）Host specificity and permanence of associations between mesostigmatic mites（Acari：Anactinotrichida）and burying beetles（Coleoptera：Silphidae：*Nicrophorus*）. *J. Nat. Hist.*, **32**：159-172.
高久　元（1994）甲虫に便乗するダニ. インセクタリウム, **31**：260-264.
高久　元（2007）甲虫につくダニ. 昆虫と自然, **42**（7）：36-39.
田村弘忠・遠田暢男（1980）マツノマダラカミキリの蛹室および成虫から検出される中気門類ダニ. 日本応用動物昆虫学会誌, **24**：54-61.
Walter, D. E. and Proctor, H. C.（2013）*Mites : Ecology, Evolution & Behaviour, 2nd edition*. 494p., Springer, Dordrecht.
Wilson, D. S. and Knollenberg, W. G.（1987）Adaptive indirect effects：the fitness of burying beetles with and without their phoretic mites. *Evol. Ecol.*, **1**：139-159.
Zhang, Z. -Q.（ed）（2013）Animal biodiversity：an outline of higher-level

classification and survey of taxonomic richness (Addenda 2013). *Zootaxa*, **3703**: 1-82.

Column 4　ニホンミツバチが危ない —アカリンダニの脅威—

　アカリンダニ（*Acarapis woodi*）は，ケダニ亜目ホコリダニ科 Tarsonemidae に属し，*Acarapis* が示す通り，ミツバチ（apis）に寄生する小さなダニ（acari）である．和名には，ダニを意味する acarine の語に，ダニをつけた「アカリンダニ」が用いられる．ダニのなかのダニである．

　このアカリンダニは，ミツバチの飛翔筋に空気を送る胸部の気管内部に寄生する．直径約0.2 mm，長さ数 mm のミツバチの気管の内側に，体長約 0.15 mm のダニ（写真）が，多いときには 70匹近くもひしめき合い，ときには完全に気管が閉塞する．ミツバチは他にも気管があるので，アカリンダニの寄生ですぐに死亡することはないが，飛翔筋への酸素供給量が減ったり，飛翔筋そのものがダメージを受けてしまう．飛翔筋は，ミツバチの素晴らしい飛行を可能にするだけでなく，発熱のためにも使用される．このため，アカリンダニの寄生は，ミツバチ個体の飛翔能力と発熱能力を低下させる．

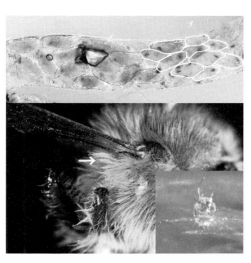

図
上：ニホンミツバチの胸部気管内に寄生するアカリンダニ．ウジ状のアカリンダニ幼虫が気管内に詰まっている（右側，例として幼虫を白線で囲んだ）．
下：ミツバチの前翅の付け根付近にある気門から這い出し，ミツバチの体毛の先で待機姿勢を取るアカリンダニのメス成虫（矢印）．右下は拡大図．

　ミツバチ個体に対するこのような影響は，コロニー全体では重大な悪影響となって表れ，特に晩秋から早春の寒い時期に症状が顕在化する．飛翔能力を失ったハチが巣の周りを這いまわったあげくに死亡したり，採餌蜂の多くが帰

巣できなくなったりして，コロニー全体の蜂数が徐々に減少する．ハチは互いに身を寄せ合い蜂球を作って発熱することで冬を乗り切るが，蜂数の減少と発熱能力の低下は，ミツバチのこの越冬システムを崩壊させる．やがて温度を維持できなくなったコロニーはその機能を失い，一気に蜂数の減少が加速する．わずかひと握りになったミツバチは，越冬のために貯えた大量の蜂蜜を残したまま，次の春を待たずに女王とともに死亡する．

　アカリンダニによる被害は，20世紀初頭のイギリスにおいて，セイヨウミツバチで初めて発見され，この100年のうちに世界中に広まった．日本では2010年に初めて在来種であるニホンミツバチでアカリンダニが確認され，2015年現在では，本州から九州に拡がっている．特に中部・関東地方などを中心とした地域で多くの被害が報告されている．ところが不思議なことに，養蜂で使われる外来種のセイヨウミツバチでは，これまでアカリンダニの姿は1匹も確認されていない．なぜ日本では，世界的に問題となったセイヨウミツバチでアカリンダニが発見されず，ニホンミツバチだけで大きな被害が出ているのか？　その原因はまだ謎に包まれているが，そこにミツバチとアカリンダニの進化的な種間関係を解き明かす鍵が隠されているに違いない．

　現在，われわれはニホンミツバチとアカリンダニの関係について精力的に研究を進めており，ニホンミツバチはセイヨウミツバチで報告されているよりもアカリンダニの影響を受けやすいことが明らかになってきている（前田ほか，未発表）．また，野生のニホンミツバチにもアカリンダニ寄生が拡がっていることから，将来的にニホンミツバチが激減する可能性がある．ニホンミツバチは日本の固有種として貴重なだけでなく，植物の受粉に必要なポリネーターとしても重要である．日本の豊かな生態系を守っていくためにも，早急にアカリンダニ対策を全国レベルで講じていかなければならない．

（前田太郎・坂本佳子）

引用・参考文献

Wilson, W. T. *et al.*（1997）Tracheal mites. In：*Honey Bee Pests, Predators, and Diseases*, 3rd ed.（Morse, R. A. and Flottum, K. eds）. pp.255-277, A. I. Root Company, Medina, OH．

前田太郎ほか（2015）ミツバチに寄生するアカリンダニ—分類，生態から対策まで—．日本応用動物昆虫学会誌，**59**(3)：109-126.

第 7 章
水 の ダ ニ

7.1 水にすむダニ類の分類群と形態

一般に，ダニ類は陸上にすむ生物だと思われがちだが，じつは生物進化の過程で何度も陸上から水中への進化を遂げてきた．陸上の湿った場所への前適応を通して，水中への進化が起こったと考えられている．現在5万種以上のダニ類が知られているが，その約1割は水にすむダニ類で，ダニ類の中で水中へまったく侵入できなかったのは，アシナガダニ亜目とカタダニ亜目の2つの分類群だけである．たとえば，マダニ類は衛生害虫としてよく知られているが，マダニのなかには海にすむウミヘビに寄生して生活する種も含まれている（林・増永，2001）．一方，水生の種のみから構成される分類群として，ケダニ亜目のウシオダニ上科，アカミズダニ上科，メガネダニ上科，ヒヤミズダニ上科，オオミズダニ上科，アオイダニ上科，オヨギダニ上科，ヨロイミズダニ上科，チカケダニ上科，ならびにササラダニ亜目のミズノロダニ上科のほかに，カイガラムシダニ上科のHyadesiidae科とAlgophagidae科がある．ダニの分類体系は研究者により多少異なるが，ここではKrantz & Walter eds（2009），安倍ら（2009）に従う．なお，日本産水生ダニ類の同定には今村（1965a, b；1977；1980；1986）や吉成（2010）が参考になる．

　水にすむダニの体は，基本的には陸にすむダニと同じで，詳しい形態については今村（1965a）やGerecke（2007），Krantz & Walter eds（2009）などを参照していただきたい．ダニの外部形態は生息環境によって大きく異なる．たとえば，脚の毛について，遊泳性の分類群では水をかくための遊泳毛として多くの長い毛をもつが，底生性の分類群では脚の毛は短く数も少ない．また，脚の先端にある爪の形態も，池や沼などの止水域で遊泳生活をする分類群では鎌状の爪が小型化

もしくは完全に消失している場合があるほか，沢などの流れが速い流水域にすむ底生性の分類群のなかには，川底にしがみつくために熊手状の頑丈な爪をもつものがいる．さらに，ダニの体形についても，止水域にすむダニは球形の体をもつのに対し，流水域にすむものは背腹に扁平な体をしており，砂の中など地下の間隙水中にすむものは細長い体をしている（図7.1）．また，ヨロイミズダニ上科のダニのなかには，同種の雄と雌で体形が著しく異なる性的二型を示す種もいる（図7.2）．

　水にすむさまざまなダニ類を水槽に入れて見てみると，その色の多様性に驚かされる．底生生活をするウシオダニ上科にはあまり目立った体色をもたないものが多いが，おもに海藻の藻体上で生活するウシオダニ上科のカイソウダニ亜科のダニは緑色の体色をもつ．また海洋にすむオヨギダニ上科のイソダニ科のダニは鮮やかな赤色に純白の帯状模様をもつものが多い．一方，淡水域にすむダニ類のなかでも，ウシオダニ上科を除くケダニ亜目のダニ類は，褐色，青色，緑色，黄色，橙色，赤色などさまざまな体色をもつことから「水の中の宝石」と例えられ

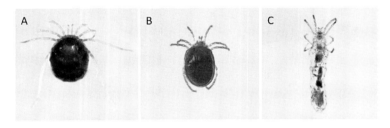

図7.1 生息環境によるダニの体形の多様性［巻頭カラー口絵9］
A：沼にすむオヨギダニ属の一種，B：河川にすむケイリュウダニ属の一種，C：砂の間隙中にすむナガボソダニ属の一種．

図7.2 ヨロイダニ属の一種にみられる性的二型
体の形態が雌（左）と雄（右）で著しく異なる．

る．水にすむダニ類がもつ赤い体色はひときわ目立つが，この赤い体色の進化についてはいくつかの説がある．魚が赤い体色のダニを口にくわえてもすぐに吐き出してしまうことから，目立つ赤色は捕食者に対してまずさを示す警告色であり，ベイツ型擬態を通して進化したという説（Elton, 1923）や，赤色の元になるカロテノイド系色素は光による酸化作用を妨げ，光が当たる場所で生活する場合に紫外線などから体を防御しているという説（Walter & Proctor, 1999）がある．今のところ，赤色の体色は警告色として進化したのではなく，自らは移動することができない卵や，生活史の一時期に水生昆虫に寄生して水から出る幼虫にとって，太陽光によるダメージを最小限に抑えるために進化したと考えられている（Proctor & Garga, 2004）．なお，ダニのまずさは視覚で餌を探す捕食者に対して，赤色の体色を獲得した後に二次的に進化したと思われる．

7.2 水にすむダニ類の食性

水にすむダニは，分類群により食べる物がさまざまで，水生動物の卵・昆虫の幼虫や蛹・カイアシ類などの小型の水生動物を捕食するほか，腐りかけた生物遺体を食べるものもいる（図7.3）．生活史の一時期にほかの動物に寄生する分類群では，元来はその動物の卵を食物として利用していたが，やがてその動物自体を宿主として利用するように進化したと考えられる．ダニの触肢の形状はある程度食物と関係しており，ハサミミズダニ科などの卵食のダニでは触肢の先端が鋏状になっているが，より進化が進んだと考えられる分類群では鋏状構造が消失し，先端が単角状の触肢をもつ．一方ヨロイミズダニ科のダニでは，触肢の先端と第2節とで鋏状の構造を作り，小型甲殻類を捕まえやすい構造に変化している．また，ユスリカなどの幼虫を捕食するような分類群では，触肢の腹側に突起をもつことが多い．小型動物を食べる場合には，餌の動物を触肢で固定して鋏角で表皮に孔をあけ，内部を溶かして吸い取る．その後，食物は咽頭を経て中腸に至る過程で吸収される．

餌となる動物の捕り方もさまざまで，卵食のダニでは，卵を包む寒天状物質から出る化学物

図7.3 触肢と前脚を使ってミジンコを捕えたオヨギダニ属の一種（写真提供：日本大学・永澤拓也氏）［巻頭カラー口絵10］

質を察知して卵を見つける．なお，化学物質の受容は，触肢の先端部分や脚の節に存在する数種の感覚毛で行われる．メガネダニ科やツチダニ科の多くの種は，泳ぎながら獲物を追いかけて捕まえる捕食型で，ナガレダニ科のダニには，ユスリカなど双翅目の幼虫が来るのを待ち伏せして捕える待ち伏せ型の種がいる．また，カイダニ科のダニには，2対の前肢を横に大きく広げた姿勢で待ち，近くを泳ぐ小型甲殻類から伝わる水中の振動を察知して餌を捕える種が知られている（Proctor, 1991）．

7.3　水にすむダニ類の生息域

　水にすむダニのほとんどは自由生活を営み，生息域は多岐にわたっている．たとえば，ケダニ目のウシオダニ上科はそのほとんどが海岸の波打ち際から深海7000 m（Yankovskaya, 1978）に至るまでの海域に生息する．一方，前述したケダニ目のほかの分類群ならびにササラダニ目の分類群の多くは，湖沼・河川・地下水のほかに，地面や植物体上にできる一時的な水たまりにも生息するほか，ミズノロダニ上科のダニ類は水生生物の鑑賞用に使われる水槽の中に出現することがある．なお，家庭の水道水中からも生きたケダニ亜目の水生ダニ類が見つかることがあるが，人体に対する影響はないと考えられる．また，極端な環境にすむダニとして，オンセンダニ属のダニは自然に湧き出る温泉水中に生息し，日本では新潟県の燕温泉から1種が知られている（Uchida & Imamura, 1953）．また，水の中といっても，カイガラムシダニ上科のAlgophagidae科のダニには樹木の樹液の中で生活するものがあり，日本でも香川県高松市のクヌギの樹液からこの分類群の種が報告されている（Fashing & Okabe, 2006）．

　このように，水にすむダニはさまざまな環境に適応している．水にすむダニ類では，陸にすむダニ類がもつような気管系があっても機能していないか，気管系を完全に失っており，呼吸は体表の皮膚を通して環境水中の酸素を体内に拡散によって取り入れる．このことから，河川に生息する流水性の種では水中の酸素濃度によって活動率を変化させ，酸素の消費量を調節しているが，水中の酸素濃度が変動しやすい池や沼などにすむ止水性の種では，激しい環境変動への適応進化の結果，水中の酸素濃度にかかわらず一定の活動率を保つ場合が多い（Young & Rhodes, 1974）．一般的に，止水性の種は物理的な環境変化に強く，流水性の種は環境変化に弱いと考えられ，このような性質を利用して水にすむダニ類を水質

の環境指標として利用することができる（今村・菊地，1986）．たとえば，流水性のヒヤミズダニ上科のダニは水温が低く栄養塩類も少ない清流にしか生息しないが，止水性のオヨギダニ科のダニのなかには，水質汚染に強いことから汚染水の指標になると考えられる種もいる．なお，物理化学的な環境要素の指標だけではなく，ある水域が特定の水生生物の生息に適するか否かを，ダニを指標として調べた例がある．海底の砂の中にすむウシオダニ上科の数種のダニ類は，ホタテガイが生

図7.4 海底の砂中にすみ，ホタテ漁場の指標になるキタナギサダニ

息する海底に特異的に出現することから，これらのダニ類はホタテ漁場の指標となると考えられる（図7.4）（Abé et al., 2001）．しかしながら，ダニの個々の種について生理や生態に関する特性が十分には調べられていないことから，まだ水にすむダニ類を環境指標として実際に利用する状況には至っていない．

7.4 水にすむダニ類の生活史

生活史は分類群により異なるが，ここでは水にすむケダニ亜目のダニ類の生活史について述べる．ケダニ亜目のダニ類は基本的には雌雄異体で，雄と雌が交尾をした後に雌が卵を産む．交尾パターンにはいくつかの型があるが，雄と雌が互いに接した状態で，雄が精子の入った袋を脚で雌の生殖孔に直接入れ込む場合と，雄が自分のいる場所に精子の入った袋を設置し，そこに雌を呼び込んで，生殖孔からそれを取り込ませる場合とに大別される．交尾に先立って，雄と雌が性フェロモンによって引きつけ合うことも報告されているが（Smith & Florentino, 2004など）．なかには，雄が精子の入った袋を設置した後に前肢を水中で振動させ，ミジンコなどの餌が発するのと同じ波動を雌に送ることにより，雌を引きつける場合もある（Proctor, 1991）．

生殖時期には，雌の体内は数個の卵で満たされ，卵は水草の葉・茎や石面の窪みなどに産み落とされる．一般的には，卵は卵膜内で胚発生が進行し，卵膜内に幼虫の体が形成されて卵蛹となり，やがて卵膜を破って幼虫が出現する．やがて幼虫は，外皮の内側に若虫の体が形成される第1蛹という静止期を経て若虫となり，さらに第2蛹という静止期を経て成虫になる（図7.5）．なお，石灰分や塩分

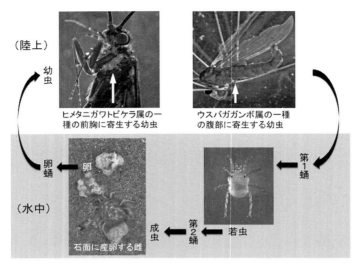

図7.5 ヒョウタンダニ属の一種の生活史（写真提供：日本大学・永澤拓也氏）

濃度が極端に高い陸水域からは卵胎生の種も報告されている（Moreno et al., 2008）．幼虫の時期には，ほかの動物に寄生して水を離れることが知られており，日本ではトンボ，ミズカマキリ，ゲンゴロウ，カワゲラ，トビケラ，ユスリカなどの水生昆虫が宿主として記録されているほか，タニシやドブガイなどの淡水産貝類に寄生する種もいる（今村，1938；Imamura, 1951 など）．寄生のパターンは分類群によって異なり，幼虫が宿主の体内に吸管を差し込んで体を固着し，そのまま第1蛹となる場合と，吸管を差し込まずに宿主の体表を自由に動き回る場合がある．どちらの場合でも，ダニは最終的には宿主に運ばれて水中に戻り，やがて1回または2回の静止期を経て成虫になる．なお，幼虫ばかりではなく，成虫がザリガニやイモリなどの動物に寄生する種も報告されている（Viets, 1931；Goldschmidt et al., 2002 など）．

水にすむダニは宿主動物に寄生してほかの場所に運ばれることにより，生息地から分散すると考えられる．なお，宿主としての昆虫の種や宿主の体の寄生場所に関するダニの選好性はかなり調べられているが（Smith & Oliver, 1986 など），まだ統一された結論には至っていない．なお，海産のダニについては，今でも宿主が見つかっておらず，寄生の有無も明らかではない．このように，水にすむダニ類の生活史や行動・生態については不明な点が多く，これからの研究の進展が

望まれる. (安倍 弘)

引用・参考文献

Abé, H., Sasaki, T. and Hiromi, J. (2001). Halacarid mites (Acari：Halacaridae) as possible indicators of preferable culture beds of Japanese scallop *Patinopecten yessoensis* (Jay) (Pterioida：Pectinidae). *Int. J. Acarology*, 27：91-96.

安倍 弘ほか (2009) ダニ亜綱の高次分類群に対する和名の提案. 日本ダニ学会誌, 18：99-104.

Elton, C. S. (1923) On the colour of water-mites. *Proc. Zool. Soc. London*, 82：1231-1239.

Fashing, N.J. and Okabe, K. (2006) *Hericia sanukiensis*, a new species of Algophagidae (Astigmata) inhabiting sap flux in Japan. *Syst. Appl. Acarol. Special Publications*, 22：1-14.

Gerecke, R. (2007) *Chelicerata : Araneae, Acari I. Süßwasserfauna von Mitteleuropa*, 7/2-1. 388pp., Elsevier, München.

Goldschmidt, T., Gerecke, R. and Alberti, G. (2002) *Hygrobates salamandrarum* sp. nov. (Acari, Hydrachnidia, Hygrobatidae) from China：the first record of a freshwater mite parasitizing newts (Amphibia, Urodela). *Zool. Anz.*, 241：297-304.

林 文男・増永 元 (2001) 日本産ウミヘビ類に寄生するマダニ類とツツガムシ類の生態. 日本ダニ学会誌, 10：1-17.

今村泰二 (1938) 土負貝 *Anodonta beringiana* Middendorff に寄生せるミヅダニの一種 *Vietsatax parasiticum* の生活史. 動物学雑誌, 50：462-471.

Imamura, T. (1951) Studies on three water-mites from Hokkaido parasitic on midges. *J. Fac. Sci. Hokkaido Univ., Ser. IV Zool.*, 10：274-288.

今村泰二 (1965a) ミズダニ類. 「ダニ類」(佐々 学編). pp.216-251, 東京大学出版会, 東京.

今村泰二 (1965b) ミズダニ類. 「新日本動物大図鑑 (中巻)」(内田 亨編). pp.391；392；401-411；413, 北隆館, 東京.

今村泰二 (1977) 日本の地下水生ミズダニ類の研究展望. 「ダニ学の進歩」(佐々 学・青木淳一編). pp.9-81, 図鑑の北隆館, 東京.

今村泰二 (1980) ミズダニ類. 「日本ダニ類図鑑」(江原昭三編). pp.331-379, 全国農村教育協会, 東京.

今村泰二 (1986) ミズダニ類. 「川村 日本淡水生物学」(上野益三編). pp.368-395, 北隆館, 東京.

今村泰二・菊地義昭 (1986) 陸水域環境指標動物としての水生ダニ類およびソコミジンコ類の研究. 日産科学振興財団研究報告, 8：317-331.

Krantz, G.W. and Walter, D. E. eds (2009) *A Manual of Acarology, 3rd edition*. 807p., Texas Tech University Press, Texas.

Moreno, J. L., Gerecke, R. and Tuzovskij, P. (2008) Biology and taxonomic position of an ovoviviparous water mite (Acari：Hydrachnidia) from a hypersaline spring in southern Spain. *Aquatic Insects*, 30：307-317.

Proctor, H. C. (1991) Courtship in the water mite *Neumania papillator*: makes capitalize on female adaptations for predation. *Anim. Behav.*, **42**: 589-598.

Proctor, H. C. and Garga, N. (2004) Red, distasteful water maites: did fish make them that way? *Exp. Appl. Acarol.*, **34**: 127-147.

Smith, B. P. and Florentino, J. (2004) Communication via sex pheromones within and among *Arrenurus* spp. mites (Acari: Hydrachnida; Arrenuridae). *Exp. Appl. Acarol.*, **34**: 113-125.

Smith, I. M. and Oliver, D. R. (1986) Review of parasitic associations of larval water mites (Acari: Parasitengona: Hydrachnida) with insect hosts. *Can. Entomol.*, **118**: 407-472.

Uchida, T. and Imamura, T. (1953) Life-history of a water-mite parasitic on *Anopheles*. *Proc. Imp. Acad.*, **11**: 73-76.

Viets, K. (1931) Über die an Krebskiemen parasitierende Süßwassermilbe *Astacocroton* Haswell, 1922. *Zool. Anz.*, **97**: 85-93.

Walter, D. E. and Proctor, H. C. (1999) *Mites: Ecology, Evolution and Behaviour*. 322p., CABI Publishing, New York.

Yankovskaya, A. I. (1978) The first finding of ultra-abyssal Halacaridae (Acarina) in the Pacific. *Zool. Zhurnal*, **57**: 295-299.

吉成　暁 (2010) 日本産ミズダニ類―科および属への検索―. 兵庫陸水生物, **61-62**: 117-147.

Young, W. C. and Rhodes, A. C. (1974) The influence of dissolved oxygen concentrations of three species of water mites (Hydracarina). *Am. Midl. Nat.*, **92**: 115-129.

第8章 住のダニ

8.1 屋内のダニ

8.1.1 基礎知識

屋内から見つかるダニ類は大きく2つのグループに分けられる．一生を屋内で生息するグループと，人・動物・植物等とともに屋内に入り込んで，たまたま屋内から見つかるグループである．

屋内で生息するダニの代表格はアレルギー疾患の原因となるチリダニ類（図8.1），ヒトを刺すツメダニ類，食品汚染を起こすコナダニ類やチリダニ類などである．

一方，生息場所は屋内ではないがときどき屋内に入り込むダニ類は，ヒトに寄生するヒゼンダニ，ペットに寄生するマダニ類やヒゼンダニ類，家の近くに野鳥やネズミの巣があるとワクモ類やオオサシダニ類が入るし，観葉植物と一緒にハダニ類も入る（第1章 表1.1参照）．

図8.1 糞をつけたヤケヒョウヒダニ *Dermatophagoides pteronyssinus*
現在日本の屋内で見つかる最も主要なチリダニ類の一種．

8.1.2　屋内に生息するダニの共通繁殖条件

a．温度・湿度があること

一般には温度20～30℃で湿度60～80% RHで繁殖するが，低温（15℃ぐらい）が好みで20℃になると生息できなくなるニクダニ類や，湿度60% RH以下でも繁殖できるチリダニ類など，多少の条件変化はある．

b．餌があること

餌は種類によって異なる．チリダニ類はヒトや動物のふけを好むので古い家で個体数が多い．体長約0.2 mmのナミホコリダニ *Tarsonemus granarius*（ホコリダニ科）はカビを好んで摂食するので畳・寝具・食品等から検出される．同様にカビを好むコナダニ類は，高湿度のある流し台の下で見つかる．

捕食性のツメダニ類はダニや昆虫（特にチャタテムシ）の体液を吸うので，ダニやチャタテムシ等の個体数の多い場所で見つかる．

c．潜れる場所があること

屋内に生息するダニ類は体長0.2～0.5 mmで体幅0.05～0.1 mmの個体が多いので，畳表のイグサの編み目からも綿布団の生地の目からも潜り込める．潜る理由は暗い場所を好む，餌がある，湿度があるなどであり，潜って産卵をするので藁床畳・絨毯・綿布団のいずれも表面のダニ数より内部のダニ数が多く，表面の200倍300倍は当たり前の状況である．

8.1.3　屋内に生息するダニの健康被害

屋内に生息するダニ類による被害はアレルギー疾患，すなわちアレルギー性鼻炎・喘息・目アレルギー・アトピー性皮膚炎（アトピー性皮膚炎の発症にはストレス等の他の条件が入る）と，ダニ刺されである．

アレルギー症状を引き起こす原因となるものをアレルゲンという．アレルギー疾患は発生数の多いチリダニ類に起因し，虫体や糞などがアレルゲンとなる．現在日本の屋内で見つかるおもなチリダニ類はヤケヒョウヒダニ *Dermatophagoides pteronyssinus*（以下Dpと略す）とコナヒョウヒダニ *D. farinae*（以下Df）の2種類である．1995年以前には屋内生息性ダニ類は100種類以上検出されたが，現在は40種類以下であり，しかもチリダニ類が9割を占め，その9割以上がDpとDfである．一方，ツメダニ類などによるダニ刺されも高湿度屋内の藁床畳やウール絨毯では発生しているので，無視はできない．

8.1.4 屋内に生息するダニの制御法

屋内に生息するダニの共通繁殖条件の1つをなくせばダニ数を減らせる．一番効果的なのが湿度を低く保つことで，外気湿度が低くなる冬期（11〜3月）に室内湿度を50% RH 前後に保てば，夏期の発生数を激減できる．詳しくは8.4と8.7で述べる．

8.1.5 外から屋内に入り込むダニの繁殖条件・健康被害・制御法

外から屋内に入り込んでたまたま屋内で見つかるダニ類は繁殖条件や制御法がそれぞれ異なる．検出頻度の高いダニ類に関して述べるが，マダニ類，ツツガムシ類，シラミダニ類，ハダニ類，ヒゼンダニ類は別章を参照してほしい．

a. イエダニ *Ornithonyssus bacoti* およびトリサシダニ *O. sylviarum*（オオサシダニ科）

いずれも吸血性のダニであるが，イエダニはネズミに寄生し，トリサシダニは野鳥に寄生する．イエダニもトリサシダニも巣で待機していることが多いので，家のそばにネズミの巣があると子ネズミが巣立った後に吸血の被害を受ける（年5〜6回）し，トリサシダニの被害は雛の巣立つ4〜7月，9月が多い（特に5〜6月）．冬期の被害はイエダニによる場合がほとんどである．制御法はネズミや野鳥の巣を除去することだが，侵入場所（アルミサッシの隙間など）に繰り返し殺虫剤を散布するとある程度の効果はみられる．ただし，イエダニとトリサシダニの同定を間違えると被害は止まらない．

b. ワクモ *Dermanyssus gallinae* およびスズメサシダニ *D. hirundinis*（ワクモ科）

いずれも野鳥に寄生する吸血性ダニである．口器の上唇上部に位置する鋏角（餌の違いにより刺すタイプと砕くタイプがある）が刺すタイプで，ムチ状を示す特徴がある．日本瓦の中，のき下，外壁の隙間，戸袋の中，換気扇の中などに巣をつくる．被害時期や制御法はトリサシダニと同じである．

c. タカラダニ類

体長約1.2 mmの大きなダニで，体色が赤いので吸血すると勘違いされる．毎年5〜6月頃，草地の上に建ったコンクリート製建物壁，ベランダ，ブロック塀等に集団で見つかる．カベアナタカラダニ *Balaustium murorum* のケースが頻繁である．温かいコンクリート壁などで餌になる花粉や小さな昆虫を捜しているのか，あるいは生殖に関係することなのかは判明していない．タカラダニ類はヒトを刺

すがツメダニ類のように攻撃的に刺すのではなく，追い詰められた状況の場合に刺すタイプである．制御するには殺虫剤を散布してもよいが，コンクリート等に水をかけただけでも効果は出る．

8.2 畳・絨毯とダニの関係

8.2.1 畳の基礎知識と繁殖条件

畳は新しい畳，古い畳，藁床畳，化学畳によってダニ相（ダニの種類・数）が異なる（表 8.1）．まず，藁床畳と化学畳の違いは潜れるか否かの違いであるが，化学畳はややこしく，オールポリスチレンにイグサをかけた畳，ポリスチレン半分にインシュレーションボード（段ボールを圧縮したもの）半分をイグサで包んだ畳，藁と藁の間にポリスチレンを挟んだもの，オールインシュレーションボードのものものなど多種類ある．ここで扱う化学畳は，藁の入っていないものとする．現在売れているのはオールインシュレーションボード（ボード畳）のもので，8 割以上のシェアがある．

表 8.1 畳・絨毯の素材別ダニ（科）構成比

ダニ（科）	畳・新	畳・古	化学畳	絨毯・毛	絨毯・化繊
マヨイダニ	6.3	0.1	1.0	1.2	0.1
カザリダニ	0.2	0	0	0.4	0
カブリダニ	2.7	0	0	0	0
トゲダニ	1.0	0	0	0	0
テングダニ	3.6	0	0	0.1	0
オソイダニ	5.1	0	0	0.1	0
ホコリダニ	8.9	2.7	2.5	5.7	1.3
ハリクチダニ	0.1	0	0	0.2	0
ツメダニ	8.5	2.3	0	6.6	0.2
ハダニ	0.3	0.2	0.1	0.2	0
コナダニ	5.8	0.8	0.7	0.2	0.1
ニクダニ	0.1	0.6	0	0	0
チリダニ	31.1	85.8	95.1	72.6	95.6
イエササラダニ	14.3	6.1	0	7.9	1.3
カザリヒワダニ	8.5	0.5	0.6	1.5	1.4
その他	3.5	0.9	0	3.3	0
合　計	100.0	100.0	100.0	100.0	100.0

畳・新は築 2.5 年年未満の藁床畳，畳・古は築 10 年以上の藁床畳，化学畳はインシュレーションボード畳で築 5 年以上．絨毯は 3 年以上使用．ハダニは植物寄生種．

8.2 畳・絨毯とダニの関係

　ダニの種類の違いは新設2.5年未満の新しい藁床畳と10年以上使用した古い藁床畳との比較（表8.1）で明らかなように，新しい畳はマヨイダニ類，テングダニ類，オソイダニ類，ツメダニ類（いずれも捕食性ダニ），カビを食べるホコリダニ類やイエササラダニ *Haplochthonius simplex*（イエササラダニ科），カザリヒワダニ *Cosmochthonius reticulatus*（カザリヒワダニ科）が多くチリダニ類が少ない．一方古い畳ではチリダニ類が多く，他のダニは少ない．この理由は新しい畳はイグサも藁もある程度の含水量があるので70% RHぐらいの高湿度を好むダニが繁殖できるが，畳が古くなるとイグサも藁も乾燥するから低湿度で生息できるチリダニ類のDpとDfしか生息しにくくなるほかに，餌となるふけが増えるからである．

　ダニ数は藁床畳と化学畳ではかなり異なる．実験的に15 cm角（225 cm²）の藁床畳とオールポリスチレン畳のミニチュア版（いずれも厚さ6 cm）を作り，既存のダニ類を死滅させてから，室温で湿度75% RH内に別々に2週間入れ，吸湿さ

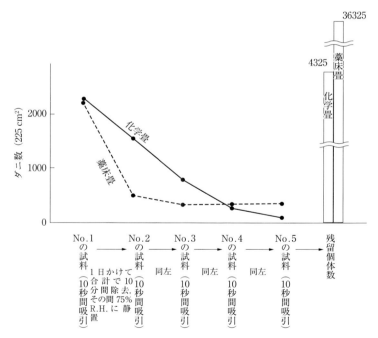

図8.2 化学畳および藁床畳表面で採取されたダニ数と残留個体数
残留個体数はミニチュア畳中央部の3 cm×3 cm角を切り抜いてダニ数を調べ，225 cm²に換算した．

図8.3 イグサの断面

図8.4 藁の断面

せた．その後ケナガコナダニ *Tyrophagus putrescentiae*（コナダニ科）の培地（マウス用粉末飼料）を5gずつイグサ表面に均一に広げ，両畳を別々の和紙袋に入れて口を封じ，室温で75% RH下に3週間静置し，ケナガコナダニを繁殖させた．

200 Wの掃除機で両畳表面を毎日10秒ずつ5回（5日間）吸引して表面のダニ数変化を比較し（10秒間吸引する検体を採取した後，実験を早く進めるため，10分間吸引してそのダニは廃棄），その後，畳中央部分の3cm角（9 cm^2）を畳抜き取り機で切り抜き，水洗い出し法で畳内部のダニ数を調べ，15 cm角に換算した．その結果，化学畳は吸引回数を重ねるたびに直線的に表面ダニ数が減少したが，藁床畳では2度目の吸引からダニ数が激減し，いかにも表面ダニ数が減ったようにみえるが，残留個体数は化学畳の8倍以上である（図8.2）．藁床畳はイグサ（図8.3）と藁（図8.4）で構成されており，藁は吸湿性がありダニが生息できる空間があり，しかも餌になるカビもあるので最高の繁殖場所となる．一方，化学畳にはイグサしか潜れる場所がなく，室内空気が乾燥すれば，まともにその影響を受ける．現在屋内に生息するダニの種類や数が激減したのは，化学畳のシェアが増加したからである．

8.2.2 畳での健康被害と制御法

新しい藁床畳による被害はおもにダニ刺され（8.4参照）で，古い藁床畳による被害はアレルギー疾患である．古い畳にはチリダニ類が多く，寝ている間にダニアレルゲン（おもに糞）を吸い込みやすいからである．古い藁床畳では掃除機をかける回数を増やせば表面のチリダニ数も糞由来のアレルゲン量もある程度は減らせる．初夏に週1回の割で徹底的に藁床畳表面の掃除機かけを始めると，14

ヶ月後の翌夏には7割減になる．これが化学畳なら最初の1ヶ月は週1回，その後1～2日に1回の掃除機かけで，4ヶ月後には9割減になる．

新しい畳はもちろんのこと古い畳でも絶対にしてはいけないことは，畳の上に絨毯や花ござを敷くことである．イグサ表面と絨毯や花ござの間の湿度が高くなり，多種類のダニの増殖を招くからだ．

8.2.3 絨毯の基礎知識と繁殖条件

絨毯は毛製と化繊製，先端がループ状になっているループ型と先端が切りそろえてあるカット型に分けられる．毛と化繊ではダニの種類は異なるが（表8.1参照），ダニ数は使用方法によって差がでるので，絨毯の材質とは相関が低い．ループ型とカット型は型の違いよりも繊維の密度によってダニ数が変化する．

毛の絨毯ではパイルの含水量が16％になるが，化繊のパイルの含水量は5％程度なので，パイル内に潜ったダニは毛絨毯では高湿度を得られるが化繊絨毯では低湿度しか得られない．したがって毛絨毯ではマヨイダニ類，ホコリダニ類，ツメダニ類，チリダニ類，イエササラダニ類などカビを摂食するダニや捕食性ダニなど多種類のダニが生息できるのに対して，化繊絨毯では低湿度で生息できるチリダニ類が95％以上を占める．

$1 m^2$ あたりの絨毯表面のダニ数は100匹から1万匹までと幅広く，内部のダニ数は表面の4倍から250倍で平均約25倍である．なぜこのような差がでるのかは，絨毯のパイルの密度と管理方法による．ループ型でもカット型でもパイルが隙間なく埋め込まれた絨毯では，繰り返し掃除機をかけてもほんの表面のダニ（全体の3％以下）しか除去できない．掃除機の吸引力が絨毯の奥まで届かないからだ．

絨毯の構造をみると，パイルがラテックスゴムで固定されているが，ラテックスゴムの上に基布がある．ダニはこの基布の上に多い．基布の上は暗いし（屋内のダニは暗い場所を好む），ある程度の湿度はあるし，人のふけが蓄積しやすい．チリダニ類は餌としてフケを好むので，絨毯の基布の上が繁殖場所になる．パイル密度が普通の絨毯なら，絨毯に何度掃除機をかけても同じ程度のダニ数を採取できる．これは，ダニの繁殖場所がパイルの一番下の基布にあり，その部分のダニが少しずつ除去されるからだ．絨毯のダニ数が管理方法によって異なる最大の理由は除去頻度である．

8.2.4 絨毯での健康被害と制御法

毛絨毯では刺咬性のツメダニ等が繁殖できるのでダニ刺されを起こしやすく（8.4 参照），毛や化繊絨毯ではチリダニ類によるアレルギー疾患を起こしやすい（8.3 参照）．

一番の制御法は敷きつめないことである．表面から掃除機をかけても掃除機の吸引力は内部まで届かず，内部のダニは除去しにくい．置き敷きにして，ときどき絨毯を戸外で干し，裏側を太陽にあてながら裏側から布団叩きで叩くと，表面にダニが浮き上がる．この方法では普通の掃除よりも3割以上多く取れる．また，ホットカーペットの加温面の上に敷き，50℃に加温すると，生きたダニは絨毯表面に上がってくるので，掃除機で除去しやすくなる．

8.3 台所のダニ

8.3.1 台所のダニの基礎知識・繁殖条件・健康被害

台所でダニが検出される場所は，流し台の下の床面，米などの保存食品，食品保管棚，台所の床面等で，検出されるダニ類はマヨイダニ類，ホコリダニ類，ツメダニ類，コナダニ類，チリダニ類である．以前はニクダニ類が見つかったが，最近は室内温度を高くして生活する人が多くなったので，ほとんど検出されない．またコナダニは元来食品害虫であるが，室内温度が高い分湿度が低くなっている場合が多く，コナダニ類の発生数も少ない．それに対して被害が目立ち始めたのがチリダニ類，特に含水量の低い粉類で繁殖できる Df による被害である．Df は粉類の中（表面）でも生きていられる．

屋内から見つかるチリダニ科ヒョウヒダニ属は 99％が Dp と Df で，成長は卵→幼虫→幼虫静止期→第1若虫→第1若虫静止期→第3若虫→第3若虫静止期→成虫（雌，雄）で，形態や生殖器の違いで判別できる．卵から成虫になるのに 25～26℃で約 23 日である．繁殖できる温度範囲は 10～35℃（37℃の説もある）だが，Df は低温になると延長型となり，15.6℃では卵の期間が 50～60 日になり，約 400 日後に成虫が出現する．この成長の仕方も粉類での繁殖に貢献しているかもしれない．繁殖できる湿度は諸説あるが，筆者の実験結果から Dp は 50％ RH（25℃）では2週間で死に，55％ RH では1ヶ月以内で全滅し，60％ RH では幼虫の死亡率が高くなるので，Dp の繁殖には 60％ RH 以上は必要と考えられる．一方 Df は 50％ RH（25℃）では2週間で死に，55％ RH での1ヶ月後の生存率は

約78％（雄）と約82％（雌）だが卵の成虫化が40％程度になり，57％RHでは繁殖できるので，生存日数を抑えるためには（後述するが糞量を減らすため）50％RH前後に保つ必要がある．

アレルギー反応にはI〜IV型があり，I型としてアレルギー性鼻炎（有症率約40％），目アレルギー（一部花粉症を含めて10％以上），アレルギー性気管支喘息（5〜10％），アトピー性皮膚炎（5〜10％），食物アレルギー（報告少ないが1〜2％程度），アナフィラキシー（報告少なく不明）で，IV型としてダニ刺されがある（8.4参照）．鼻や目は空気にさらされているのでアレルゲンと接する機会が高く，感作されやすい．喘息や皮膚炎は鼻からアレルゲンを吸引したり皮膚接触で発症する．それに対して食物アレルギーやダニによるアナフィラキシー（急激に発症し，生命を脅かすほど重症化することがあるアレルギー反応）は，食品の経口摂取で発症する．

最近Dfによるアナフィラキシーが取り上げられるようになったのは，食品類によるアナフィラキシーと考えられていた疾患のなかに，ダニがアレルゲンであるものが含まれていることが判明したからである（Erben et al., 1993）．パンケーキミックス粉（パンケーキ粉）を食べた人がアナフィラキシーを発症した場合，これまではパンケーキ粉やその他の材料を少量ずつ人の皮膚上に滴下し，その後皮膚に小さな傷をつけて15分後に膨疹を測るとパンケーキ粉に反応したので，パンケーキ粉のアレルギーとされていた（プリックテスト）．しかし，開封直後のパンケーキ粉では反応せず粉の中で繁殖していたDfに反応するということが明らかとなり，アナフィラキシーの原因はダニとなった．

アナフィラキシーを起こしやすい人とは，①過去にハウスダストアレルギーやアスピリン不耐症（アスピリンによるアレルギー反応増強効果）といわれたことがある人，②アトピーやアレルギー性鼻炎等のアレルギー疾患がある人，③高湿度の住宅内で生活し，台所近くにリビングや寝室がある場合，④パンケーキ粉やお好み焼き粉を使い置きすることが多い場合，である．

呼吸困難，蕁麻疹や皮膚の赤み・かゆみ，下痢，鼻づまり，動悸，嘔吐，腹痛，目の充血，意識低下等の症状が食後すぐに出たり，5〜6時間後に出るとアナフィラキシーを疑う（中野・白井，2011）．

8.3.2 制御法

チリダニ類はタンパク質を好んで摂食するので，タンパク質を含んだ食品類は

保管に注意を要する．問題になる粉類はミルクや卵等を含んだホットケーキ粉とホタテやエビ等の粉末を含んだお好み焼き粉である．3銘柄のお好み焼き粉と薄力粉に Df 雄 10 匹と雌 10 匹を入れて繁殖させると，6週間後には3銘柄のお好み焼き粉で薄力粉より繁殖し，1銘柄では Df 数とダニアレルゲン量の両方で有意差がみられた（稲葉ほか，2010）．粉類のほかにもチョコレート等の菓子類，干し肉や干し魚（煮干しや鰹節），ドライフルーツ類，チーズなどでコナダニ類，ニクダニ類，チリダニ類等が繁殖するので，下記の方法で管理に気をつける．

① 開封した食品類は冷蔵庫に入れる（約4℃では繁殖できない）．ねじり蓋でもねじりの方向に沿って入り込むので，ねじり蓋入りの調味料等も冷蔵庫に入れる．
② 市販のオートドライ（箱型で箱内を 20〜50％ RH に調節できる）を利用してもよい．
③ 3ヶ月あれば食品棚の一番高い場所（2m 以上）に保管した菓子にも侵入するので，冷蔵庫に入らない場合には早め（1ヶ月以内）に使い切る．
④ 開封した食品はビニール袋内に乾燥剤と一緒に入れ，ビニール袋の口を強く結ぶ（紐を結ぶように）．袋の口を 2〜3 回折って洗濯ばさみで止めてもダニは袋内に入り込むし，蓋に凹凸の付いたプラスチック製容器やビニール袋もダニが入り込むので，開口部周囲を粘着テープ（絶縁テープ等）で封じる．
⑤ ダニアレルゲンのなかには加熱に強い性質のものもあるので注意する．加熱してもアレルゲンが不活化しているとは限らない．水で洗い流す場合は洗い方が十分ならアレルゲンが激減する（ダニアレルゲンは水溶性）．

8.4 季節とダニ問題

8.4.1 基礎知識と繁殖条件

1995〜1996 年にかけて，屋内のダニ相が大きく変化した．理由は輸入していた畳藁が激減し藁床畳が作れなくなったのに対し，以前から検討されていたボード畳が台頭してきたためである．多種類のダニの繁殖に適していた藁の代わりにダンボールを圧縮した畳床では，吸湿性が低くダニに高湿度環境を与えられず，またカビが発生できずカビを摂食するダニが繁殖できない．さらに捕食性ダニの餌がないから捕食性ダニも繁殖できない．ボード畳ではインシュレーションボードとイグサの間しか生息場所がないから，ダニの種類も数も激減した．畳の変化は屋内全体のダニ相にも影響を与えた．

藁の減少問題など発生していなかった1980年代では，築後5〜9年の家屋の和室6畳での月別総ダニ数変化で，6〜9月のダニ数が多くなり，11月に小さなピークがある季節消長を示した．これは前述した3つの繁殖条件がそろうからだ．チリダニ類のみの月別変化では上述の各月の総ダニ数より100〜200匹ずつくらいダニ数が少なく，さらに11月のピークがない以外は総ダニ数変化と似た傾向を示していた．藁床畳の頃，約30％はチリダニ類以外のダニが生息していたが，ボード畳の今は総ダニ数の90％以上をチリダニ類が占め，11月のピークもみられないが，夏にダニ数が多く冬に少ない傾向は同じである．11月のピークはニクダニ類で，ボード畳が使われている屋内では現在ほとんどみられない．しかし地方によってはまだ藁床畳が使われていることがあり，11〜3月にニクダニ類のピークがみられることもある．

8.4.2 健康被害

ダニ相が変化し高湿度を好むダニ類が減少したと述べたが，生活の仕方によっては安心はできない．夏に藁床畳の家を閉め切ったり，畳の上に花ござや絨毯を敷いたり，絨毯を2枚重ねで使用したり，冬期にインフルエンザを恐れて加湿し続けると，高湿度を好むダニ類が翌夏に出現する．見本のような例がツメダニ類である．

新しい藁床畳を使用していた時代のダニ刺されの苦情相談件数はすさまじく，当時筆者の勤務先であった研究所の電話回数は7〜9月間は5分に1本の割合で，交換手から回線がパンクすると何度も抗議を受けたほどである．しかもそれは畳藁を輸入し始めた1978年頃から輸入量が激減する1995年まで17年間も続いた．これらはツメダニ類によるダニ刺されであったが，ツメダニ類がヒトを刺すとはそれまで証明されておらず，筆者が世界で初めてツメダニ類によるダニ刺されを証明したから電話が集中したのかもしれない（Yoshikawa, 1985；1987）．

ケナガコナダニを好んで捕食するクワガタツメダニ *Cheyletus malaccensis*（ツメダニ科）を2〜3日絶食させて（異質の餌であるヒトの皮膚を攻撃する可能性が高くなると考えて絶食させた），静電気の発生しない（ダニは静電気で動けなくなる）平たい貝製ボタンの片側を和紙で封じて他方に生きたツメダニ1匹を入れ，複数のヒトの皮膚に直接ダニを接触させて絆創膏で固定し，24時間後に皮疹の発症を調べた．発症率は68.0％であった．さらに，この皮疹が明らかにツメダニ刺咬によるものであることを立証するために，①皮疹を発症したクワガタツメダニ

図 8.5　クワガタツメダニの鋏角（矢印）　　図 8.6　コナヒョウヒダニの鋏角（矢印）

1匹の体重はケナガコナダニ1匹を捕食したよりも増加したケースが多くみられ，②ツメダニによる皮疹と吸血性のイエダニによる皮疹の病理組織的変化は好酸球の湿潤を伴う炎症で類似していたし，③ツメダニの体内に人血清由来のタンパク質があるのを顕微沈降反応法で確認し，④人血清由来のタンパク質はアルブミンであると免疫電気泳動法で判明した．ツメダニ類の鋏角は短く（3〜5 μm），ヒトを刺しても体表に多いアルブミンにしか届かない．

　上記の4つの実験でツメダニ類はヒトを刺すことが立証されたが，他のダニは刺すのかも調べた．

　屋内で見つかるダニの口器には鋏角があり，この形によって刺せるタイプと刺せないタイプに分かれる．刺せるタイプは鋏角が細く差し込むのに適しているが，刺せないタイプは鋏角が太く差し込むのに適さない（図8.5，8.6）．ダニの分類はよくできていて，イエダニのような吸血性やマヨイダニ類のような捕食性のトゲダニ類と，ツメダニ類やハリクチダニ類のような捕食性やハダニ類のような植物寄生性のケダニ類はヒトを刺せるが，カビや食品を摂食するコナダニ類やヒトのふけ等を食べるチリダニ類のようなコナダニ類，土壌中の腐食物やカビを食べるササラダニ類はヒトを刺せない．

8.4.3　制　御　法

　夏期のダニ発生の真最中にダニを駆除するのは難しい．屋内に生息するダニは低湿度に弱い．繁殖できる一番の低湿度がDfの57% RHだから，冬期（11〜3月）の低湿度を利用して冬期にダニ数を少なくしておけば，高温多湿の夏期になっても繁殖できるダニ数が少なく，異常発生は起こらない．各部屋に正確な湿度

計（湿度計製造専門会社の湿度計）を置くか温度計を置くと対処しやすい．各部屋に温度差があれば温度の低い部屋の湿度は高くなるので（結露現象），エアコンや除湿機で対処する．冬期は外気が乾燥しており雨や雪の日以外は 50% RH 前後になりやすい．外気が乾燥している時期にエアコンや電気ストーブを運転すると，室内湿度を 50% RH 前後に保てる．

夏期にダニ発生で悩むのは冬期の結露対策ができていないか，冬期の乾燥を嫌って加湿器を使用する場合が多い．冬期にインフルエンザを恐れて室内湿度を 70% RH に加湿すると，加湿しなかった場合に比べて翌秋の畳表面のダニ数は約 40 倍になる．屋内のダニ数を減らすのは冬期にできるだけ 50% RH 前後に保つ湿度管理である．

8.5 思いもよらぬところにダニ

8.5.1 基礎知識

屋内のあらゆる場所からダニを採取できるほどダニ分布は広範囲である．白っぽい感じのお茶 1 g から 1000 匹以上のケナガコナダニが見つかったり，田舎から送られてきたお米の袋の内側をコナダニ類とチリダニ類が多数闊歩していたり，スパゲッティの穴に入り込んだシバンムシに寄生したシラミダニ *Pyemotes ventricosus*（シラミダニ科）に刺されたり，洗濯機の蓋付近でウロウロしているチリダニ類がいたり，夏に閉めておいたほりごたつ内にナミホコリダニが異常発生していたり，土壁でカザリヒワダニが繁殖していたり，冬期に圧縮袋内の布団を出したら布団表面をチリダニ類がウヨウヨしていたりと，思いもよらないところのダニのエピソードは数知れない．屋内でダニを見つけにくい場所は浴室と便所のみである．

ここでは屋内生息性ダニ類の 4 大生息場所である畳・絨毯・寝具・保存食品のうちで寝具を扱い，特に寝室空気中のアレルゲンにふれる．

8.5.2 繁殖条件と健康被害

睡眠中に咳き込んだりするとき，布団や枕のダニアレルゲンが空気中に飛散して，それを吸い込んでいる場合がある．ダニアレルゲンとはダニの糞や虫体で，糞は Der I で表し（Der はヒョウヒダニの属名 *Dermatophagoides* の頭 3 文字から）虫体は Der II で表す．脱糞直後の糞は 10～40 μm でも乾燥すると粉々になって数 μm になり，軽いので空気中に浮きやすいし，気管に入りやすい（気管に入

るのは 10 µm 以下の大きさ). 一方, 虫体の脚や毛は取れやすいが体の中央部分 (胴体部) は粉々になりにくいし, 死骸でも 1 µg 以上はあるので空気中には浮きにくい. 糞は下記の理由で問題になる.

①糞は小さく気管に入りやすい.
②糞量は虫体量よりも多い. 1 匹が一生に約 500 個の糞をするので, 床面のアレルゲン量のほとんどは糞由来である.
③糞の方がアレルギー活性が高い. 糞中のタンパク質(分子量約 2 万 4000)の方が虫体のタンパク質(同約 1 万 5000)よりもヒトにアレルギー反応を起こしやすい.

本節で寝室の空気を取り上げるのは, 寝ている間に鼻炎や喘息になりかねないからである.

床面のダニ数にかかわらず, 人や動物のいない空気の動かない部屋では Der I 量はゼロに近い (1 pg/m³ 以下). 居間では平均 30 pg/m³ (7.6〜116 pg/m³) で, 寝室では平均 100 pg/m³ であるものの, 枕元では 650 pg/m³ (平均 220 pg/m³) にもなる (坂口ほか, 1991). 人の呼吸量は 1 時間に約 0.6 m³ なので, 8 時間寝れば 3.12 ng を吸い込むことになり, チリダニの糞 10 個分を吸い込んで寝ていることになる (チリダニの糞 1 個の Der I 量＝約 0.3 ng).

シーツ, 掛布団カバー, 枕カバー, 敷布団, 掛布団, 枕表面のダニ数を比べると, 枕カバーや枕のダニ数は多い傾向である (図 8.7). なぜ多いのかを調べた.

5 年間洗わずに使用し続けた枕カバーを用いた Dp の誘引率は 40% に近い (図 8.8; 長塚ほか, 2003). 誘引する揮発成分を調べると, アルデヒドではノナナールの誘引率が高く, 脂肪酸ではパルミチン酸が高かった. 遠くにいるチリダニ類

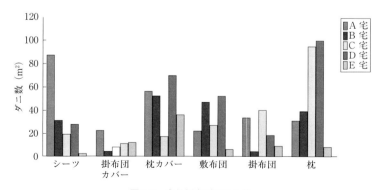

図 8.7 寝具類表面のダニ数

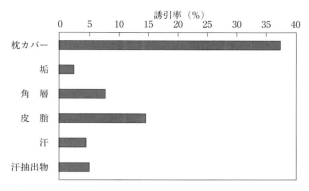

図 8.8 人体分泌物および寝具に対するヤケヒョウヒダニの誘引率

を高揮発性のノナナールが引き寄せ，近くに来たら低揮発性のパルミチン酸が誘引するのであろう．チリダニ類のパルミチン酸好きは相当なものである．ヒトからの分泌物であるノナナールやパルミチン酸にチリダニ類が誘引され，枕周辺に集まり糞をするから，寝返りするたびに Der I が飛び散るのであろう．

8.5.3 制　御　法

寝具と寝室のダニやダニアレルゲン制御法を列挙する．

①洗濯すると，シーツや枕カバーのダニやアレルゲンは 90% 以上落ちる．ただし，毛布など厚手のものの場合は Der I は 9 割落ちるが，ダニ本体は 2 割程度しか落ちないとされる．

②チリダニ類はヒトのふけを好むので，枕の上に大きなタオルを広げ，タオルのみを毎日交換する．タオルはまとめて洗う．生きているダニはタオルのような布地を好むし，生きているダニのみが糞をする．

③羽毛布団と羊毛布団は側生地の目が細かくダニは布団内部に入りにくいので，布団表面のダニ数が 100 匹/m^2 以下，Der I 量は 1000 ng/m^2 以下（1 μg/m^2 以下）になるように掃除機をかける．布団表面 1 m^2 を 5 分間ずつ 2 回かけると，表面の Der I 量は 7 割以上除去できるが，簡単な掃除機かけでも 4〜5 割は除去できる．綿布団の場合は掃除機のみではアレルゲンの除去は難しいので，年 1〜2 回は丸洗いに出す．

④圧縮袋内でダニは窒息死はしないが，乾燥剤を入れると乾燥死する．

⑤最近市販されている「ダニ取りマット」も有効である．

⑥空気清浄器を使用する場合,枕元近くに置くとダニの糞が吸引される.
⑦アレルギー疾患が気になる人は,布団や枕カバーに高密度繊維を用いる.ダニが繊維を通過できないので,簡単な掃除機かけで表面のダニを除去できる.
⑧アレルギー疾患が気になる人は,30 cm 以上の高さのあるベッドに寝る.細かいダニアレルゲンや空気中の軽い汚染物は床面までは落ちず,床上 20 cm ぐらいを浮遊する場合があるからだ.

8.6 昔と今の住宅ダニ

1975 年頃を昔と仮定し 2015 年を今と仮定すると,住宅の変化は構造,建材,設備機器などにみられ,住宅内に生息するダニ相も変化してきている.

8.6.1 基礎知識・繁殖条件・健康被害

今一番好まれている住宅構造は,高気密・高断熱・換気システムが設置された住宅に,床暖房の設備が備わったものである.壁の内部に厚さ 10 cm くらいの発泡スチロールを埋めつくし(厚さは地域によって異なる),窓は二重ガラスで,屋内の空気を少量ずつ入れ替えるための換気システムがある.さらに各部屋の温度

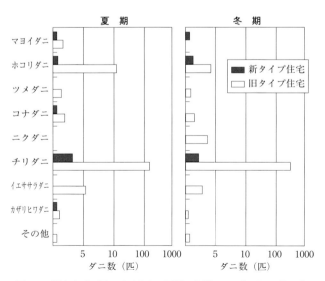

図 8.9 新タイプ・旧タイプ住宅の夏期・冬期のダニ相(ダニ数/m^2)

差をなくすために畳部屋も床板部屋も浴室の洗い場にも床暖房が設備され，生活するには快適である．このタイプは新築住宅では50％以上も建築されているのに，日本全国の住宅総数で割ると6％にも届かない（リフォーム件数が多い）．しかし，ダニの発生を抑えられる住宅が造られたことは確かである．

床暖房の効果は大きい．冬期（11～3月）に床暖房を運転し続けると，室内湿度が40～50％ RHに保たれるので，普通に掃除するだけで夏期も冬期も家全体のチリダニ数を5匹/m^{2}以下にできる（図8.9）．孵化直後のチリダニ幼虫は乾燥に弱く死にやすいからだ．一方，日本の住宅の94％以上を占める気密性が高いだけの住宅では結露がでやすく，夏も冬もチリダニ数は200～500匹/m^{2}になりダニの種類も多い（図8.9参照）．寒さ対策で絨毯使用が多いのも一因である．

8.6.2 制 御 法

高気密・高断熱・換気システム住宅内のDer I量は一般住宅に比べて有意に少ない．特に寝室において少ないので，チリダニ類の繁殖力が低いと推測できる．また，床暖房はダニの発生数を抑えるだけでなく，空気中に飛散するアレルゲン量も減らす．エアコンは空気を動かすのでときには床面のアレルゲンを空気中に舞い上げる．実験的に同一室内で空気中のアレルゲン量を比較すると，床暖房ではエアコンより空気中のDer I量を約4割少なくできる（渡辺ほか，2006）．

さらに，高気密・高断熱・換気システム住宅では長時間家を閉め切れるが，94％以上を占める一般住宅で長期間家を閉め切ると，結露等の影響でダニの異常発生を招きかねない．

8.7 快適な住宅は安心か

8.7.1 基礎知識・繁殖条件・健康被害

ダニの繁殖条件は3つあることは述べた（8.1.2項）．この条件はあくまでもダニ虫体周囲の条件で，ダニ虫体を取り巻く"微気象"の条件である．たとえば絨毯を水洗いした後の乾燥が十分でなければ，室内湿度は低くてもダニは高湿度の微気象に反応して増殖するし，浴室の水蒸気を室内に放出しても室内湿度はすぐには上がらないが吸湿性の高い畳・絨毯・寝具はよい微気象をダニに与える．夏に万年床を1ヶ月間以上続けると，敷布団のダニ数は万年床を開始する前の2倍になる．ヒトは毎晩コップ1杯の汗をかくから，その水分で繁殖できる．また，

冬布団をビニール袋に包んで夏中押し入れにしまっておくと結露現象が起き，ビニール袋内の微気象でダニが繁殖し，冬に使用するときアレルギー疾患を発症することもある．布団表面のダニ数は普通の使い方では約 100 匹/m^2 だが，1000 匹/m^2 に増やすのは難しいことではない．上述の高気密・高断熱・換気システムの住宅でも，冬に湿度を 70% RH に保ち続ければ，換気システムや床暖房の能力では除湿が間に合わず，初夏にはダニやカビに悩まされるであろう．快適な住宅でも生活の仕方に注意をしなければダニは異常発生する．

8.7.2 制 御 法

① ダニ・カビ・細菌の繁殖は 40～60% RH で低い（特に 50% RH で低い）ので，冬の湿度は 50% RH 前後が望ましい．それ以上の加湿をするなら外気湿度の低い 4～5 月に風を通すか除湿機を使用する．

② 万年床をするなら敷布団の下にすのこを敷いて風を通す．

③ 海や川のそば，埋立地，近隣の土地より低い土地は室内湿度が高くなりやすく，住宅が快適に思われてもいずれ影響を受けるので住宅購入時に考慮する．

④ 快適で健康的な住宅にするためにはどの程度のダニ数やダニアレルゲン値にするべきかについて，旧厚生省の報告がある（表 8.2；厚生省生活局監修，1999）．冬期だけでも室内湿度が高くならないように配慮し，定期的に清掃すれば可能な数値である．また，この数値は Platts-Mills（1988）が報告しているダニアレルゲンに感作しないためには 2 µg/g 細塵以下にするという値にも適合する．余談だが，ダニアレルゲン測定法として正式法は酵素免疫法（ELISA 法）があり，簡易法としてアカレックステスト，マイティチェッカー，ダニスキャンがある．

（吉川　翠）

表 8.2 ダニ・ダニアレルゲンの衛生的ガイドライン値（素材表面）

場　所	ダニ数（匹/m^2）	Der I 量（ng/m^2）
藁床畳	100 以下	100 以下
化学畳*	50 以下	80 以下
絨　毯	300 以下	1000 以下
床　板	10 以下	5（15）以下
綿・化繊布団	100 以下	1000 以下

床板表面は凸凹の場合には Der I 量が 15 ng/m^2 以下．化学畳は旧厚生省報告後に追加した数値．

引用・参考文献

Erben, A. M. *et al.* (1993) Anaphylaxis after ingestion of beignets contaminated with *Dermatophagoides farina. Allergy Clin. Immunol.*, **2**：846-849.
稲葉弥寿子ほか（2010）お好み焼き粉に繁殖したダニによる即時型アレルギーの2例——Inhibition immunoblot法による原因抗原の検討と粉の種類によるダニ数およびダニ抗原増加の検討——．日皮会誌，**120**：1893-1900.
厚生省監修（1999）「快適で健康的な住宅に関するガイドライン」．141p.，ぎょうせい，東京．
長塚路子ほか（2003）ふとん・カーペットの手入れに関する研究Ⅲ——ダニ誘引の原因解析とその低減方法について——．日本家政学会報告集，**5**：214.
Platts-Mills T. E. A. and DeWeck, A. (1988) Dust mite allergens and asthma – a world wide problem. *J. Allergy Clin. Immunol.*, **83**：416-427.
坂口雅弘・井上　栄・吉沢　晋（1991）布団内アレルゲンの除去方法の評価．アレルギー，**41**（4）：439-443.
渡辺利沙ほか（2006）室内環境制御によるアレルギー症状の抑制に関する研究（その1）暖房方式の違いがダニアレルゲン飛散へ及ぼす影響の検討．日本建築学会関東支部研究報告集1，**74**：381.
Yoshikawa, M. (1985) Skin lesions of popular urticaria induced experimentally by *Cheyletus malaccensis* and *Chelacaropsis* sp. *J. Med. Entomol.*, **22**：115-117.
Yoshikawa, M. (1987) Feeding of *Cheyletus malaccensis* on human body fluid. *J. Med. Entomol.*, **24**：46-53.
中野敏明・白井秀治（2011）開封保存したお好み焼き粉がダニアレルギーの原因に．日経ヘルス，**4**：59.

第9章
農業のダニ①
(害になるダニ・葉上)

9.1 植物にはどんなダニがいるか —害になるダニと益をなすダニ—

植物の上で生活しているダニ(植物ダニ)の体長は0.1～1.3 mmであり,一般的にこのサイズの生物を肉眼で見つけることは困難である.また体色は白色透明から白濁色,淡黄緑色,赤色,鮮赤色,黒色など,さまざまであるが,赤色などのダニは白色透明なものよりずっと見分けやすい.

植物ダニは葉ばかりでなく,茎や花,果実,球根や根など,植物のあらゆるところを生活場所にしている.なかには好んで葉裏の脈と脈の間にできる袋状の構造物(ドマティア domatia)にすむダニや,毛が密生している葉でしか生活できないダニなどがいる(図9.1).植物を摂食しているダニは,各種に特有の食害痕を出すので,サイズが小さくて見えないダニでも,食害痕やドマティアを頼りにダニを見つけ出すことができる.

植物ダニには,トゲダニ亜目のカブリダニ科やマヨイダニ科,ケダニ亜目のミドリハシリダニ科,コハリダニ科,ツメダニ科,テングダニ科,ホコリダニ科,ナガヒシダニ科,ヒメハダニ科,ケナガハダニ科,ハダニ科,フシダニ上科,ハ

図9.1 クスノキのドマティア(A)とケウスハダニ(B;葉毛に依存して生活する)

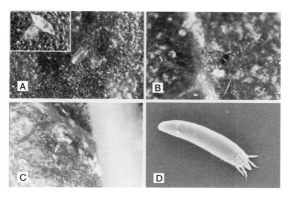

図 9.2 チャノホコリダニ（A：左上は休止期幼虫を運ぶ雄），ケボソナガヒシダニ（B），チャノヒメハダニ（C）およびカキサビダニ（D；上遠野原図）の成虫
［巻頭カラー口絵 12］

モリダニ科，タカラダニ科，そしてコナダニ亜目のコナダニ類とササラダニ亜目のササラダニ類などがいる（図 9.2）．このうち，私たちヒトの立場からみて益をなすダニは，害をなすダニを捕食するカブリダニ科やテングダニ科，ナガヒシダニ科，ハモリダニ科に属するダニである（11 章参照）．マヨイダニやコハリダニ，タカラダニが植物を加害するかどうかはよくわかっていないが，タカラダニはプールのまわりや石垣などに出没して，不快害虫として問題になることがある．その他の科に属するダニのなかにも，作物を加害したり，住居に出てきたりしてヒトと何らかのかかわりをもつ害になるダニがいる．

9.2　害になるダニはどんな生活をしているか

植物ダニは原則として，卵から 3 対の脚をもつ幼虫，4 対の脚をもつ第 1 若虫，第 2 若虫を経て成虫になる．また各ステージの進行前に活動しない静止期があり，これを経て脱皮するので，図 9.3 のように，卵（egg）→幼虫（1arva）→第 1 静止期（protochrysalis, quiescent larva）→第 1 若虫（protonymph）→第 2 静止期（deutochrysalis, quiescent protonymph）→第 2 若虫（deutonymph）→第 3 静止期（teleiochrysalis, telochysalis, quiescent deutonymph）→成虫（adult）となる．しかし，成虫以外のいずれかのステージを欠くことがある．幼虫と若虫は一般的に脚数の違いで容易に区別できるが，若虫期以降は区別が困難である．脚長と体長とのバランスで区別できるが，分類・同定はすべて成虫で行うので，

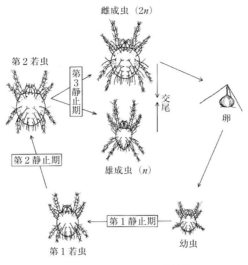

図 9.3　リンゴハダニの生活環

判別には注意を要する．

　精子の授受には，挿入器（aedeagus＝陰茎 penis）を用いる直接的方法と，精子の包（精包 spermatophore）を雄が雌の体内に入れるか，雄が出したものを雌が拾って自ら取り込むかのいずれかで行う間接的方法がある．

9.2.1　ハダニ科

　ハダニ科は現在，世界で約 1300 種，日本で 2 亜科 17 属 92 種が知られている（江原・後藤，2009 など）．ハダニはクモのように糸を使うことから，英語でspider mite と呼ばれる．ハダニの糸の役割は，生活空間の条件づけの回避，卵の固定，命綱，天敵からの逃避など多様である．ハダニ各種の糸の使い方や出糸量，出糸時期に基づいた生活様式は次の 3 つに大別される（Saito，1983）．すなわち，① LW（little web）型：少しの糸しか出さず，網を形成しない．② CW（complicated web）型：不規則で立体的な網を形成するか，層状の網を張る．③ WN（web nest）型：造巣性の網を形成する（図 9.4）．これらの吐糸行動の違いによって，ハダニの寄生部位に出る食害痕には特徴が現れる．LW 型では葉面全体に食害痕が出る一方，CW 型や WN 型では葉の一部に集中的に食害痕が出るものの，CW 型は WN 型より周縁部が不明瞭である（図 9.5）．

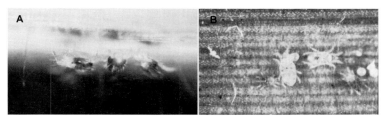

図 9.4 ミドリハダニ (A：CW 型) とケナガスゴモリハダニ (B：WN 型) の網

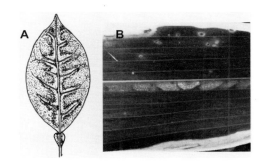

図 9.5 ミカンハダニ (A：LW 型) とケナガスゴモリハダニ (B：WN 型) の食害痕

ナミハダニ *Tetranychus urticae* の体重は 20〜23 µg (水谷ほか, 2001 など), 歩行速度は 25℃ で 9.9 m/h (水谷ほか, 2001) である. 捕食者のミヤコカブリダニ *Neoseiulus californicus* では 10 m/h (Raworth *et al.*, 1994), チリカブリダニ *Phytoseiulus persimilis* では 16 m/h (水谷ほか, 2001), そして後述するフシダニの一種 *Abacarus hystrix* では約 0.2 m/h である (Gibson, 1974 など).

昆虫の最終的な窒素排泄物は尿酸であるが, ハダニではクモと同様にグアニンである (浅田, 1995). これらの排泄物は, たとえばナミハダニでは黒色の顆粒が複数集合したものと, 淡黄色透明でおもに小球形のものとがある. しかし, この 2 種類の成分の違いはよくわかっていない (齋藤, 1996 など).

9.2.2 ヒメハダニ科

ヒメハダニは英語で flat mite や false spider mite と呼ばれるように, 体が上下に扁平で (図 9.2 参照), かつハダニとは異なり, 糸を出さない. 幼虫から第 1 若虫, 第 2 若虫を経て成虫になるが, 若虫と成虫の形態は著しく異なる.

日本からは, 2 亜科 6 属 14 種が知られている (江原, 2009). 体の大きさは 0.2

〜0.4 mm と小さく，ハダニほど目立たず，個体数が増えて被害が出て初めて発生に気づくことが多い．

Cardinium 細菌の感染によって遺伝的雄が雌化する種（feminization of genetic male, 雌化）が知られている一方（図9.6），単数体の未受精卵（n）から雄が，2倍体の受精卵（$2n$）から雌が生じる産雄単為生殖（arrhenotoky）を営む種もいる．

オンシツヒメハダニ *Brevipalpus californicus* はランえそ斑紋ウイルス Orchid fleck virus を媒介する．このウイルスはランの葉に退緑斑点症状（全身的なえそ斑紋病徴）を示し（Kondo *et al.*, 2003），これまでに50属以上のラン科植物から報告がある（近藤，2013）．本科のダニは，病気を媒介するという点からも重要である．

図9.6 体内共生細菌 *Cardinium*（電子顕微鏡写真）

9.2.3 フシダニ上科

フシダニは，日本から3科22属55種が知られている（上遠野，2009）．幼虫のステージがなく，卵から2つの若虫期を経て成虫になる．2対の脚は胴体部先端にある（図9.2参照）．体長は0.1〜0.3 mmで，うじむし形や紡錘形，くさび形が普通であるが，きわめて扁平な種や白ろう物質を分泌する種もいる．体色は乳白色，赤色，赤紫色，黄色などさまざまである．

フシダニを肉眼で確認することはきわめて困難であるが，特有の食害痕，つまり虫えい（虫こぶ）や火ぶくれ症状，さび症状，葉縁のめくれ症状を示したり，葉の寄生部位に白い膜を形成するもの，加害部にビロード状の毛（毛氈）を生じるものなどがあり，これらを手がかりにしてフシダニの寄生を確認できる場合も多い（図9.7）．ただし，寄生している場所から離れて被害痕がでる場合や，芽の中や葉の付け根，球根やドマティアなどに潜り込んで寄生しているダニもいる（上遠野，2009）．英語では，これらの症状にちなんで，gall mite, erineum mite, rust mite, silver mite, 日本語ではフシダニ，ハモグリダニ，サビダニなどと呼ばれている．寄生部位は，維管束植物の葉や花，茎など，根を除くすべてである．

本上科の分類は雌成虫で行われるが，雌に2型をもつ種がいるので，これらでは第1雌と呼ばれる雄成虫と形態的に類似する方を用いる．第2雌に越冬態である．フシダニは一般的に寄主特異性が高く，寄主植物に基づいて種を決めること

図 9.7 ブドウハモグリダニの毛氈（A）とヌルデフシダニのゴール（B：虫こぶ）（上遠野原図）

ができる場合が多い．一方，同じ植物に複数種が発生することがしばしばあるため，同定にはプレパラート標本の作製が必須である（上遠野，2009）．ブドウハモグリダニ *Colomerus vitis* などの一部を除いて，フシダニに眼はない．またハイビャクシンフシダニ *Trisetacus juniperinus* では吐糸も観察されている．

　一部のフシダニは実際にウイルス病を媒介するが，寄生部位と被害部位が離れている場合やダニが潜り込んでいて確認できない場合に，しばしばウイルス病と誤認されることがある．イチジクモンサビダニ *Aceria ficus* は，葉にウイルス病に似た輪紋や線状斑などの症状（紋々症）を引き起こすほか，イチジクモザイク病ウイルス（fig mosaic virus）を媒介する（上遠野，1996）．シバハマキフシダニ *Aceria zoysiae* は，ノシバやコウライシバなどに葉巻モザイク症状を示すためウイルス病を疑われたが，本種の加害による症状であることが明らかにされている（山下ほか，1996）．

9.2.4　ホコリダニ科

　ホコリダニは，日本から 7 属 22 種が報告されているものの（伊戸，1977；2009），研究はまだまだ緒についたばかりであり，今後の研究によって害虫になっていない多くの種が見つかると期待される．ホコリダニは卵，幼虫，休止期幼虫を経て，成虫になる（図 9.2 参照）．休止期幼虫は紡錘形で，しばしば雄成虫によって運ばれる．成虫は雌の方が雄よりも大型であるが，体長は 0.15〜0.3 mm 程度にすぎない．同定には雌雄の成虫が必要である．体色は白色透明からやや黄色を帯びる程度である．ホコリダニを肉眼で確認することはきわめて困難であるが，特有の食害痕，つまり花弁の奇形・変色，芽の変形・枯死や芯止まり，葉のえそ症状や萎縮，花蕾の減少，果実のサメ肌症状などを示すので，これらを手がかりにして見つけることができる（図 9.8）．高湿下の 25℃ であれば，7 日程度で生活

図 9.8 チャノホコリダニによるピーマンの被害

環を完了するため，一度発生すると急速に個体数が増加する．

アナナスホコリダニ *Steneotarsonemus ananas* はパイナップル心枯病（fruitlet core-rot），*S. spinki* はイネの葉しょう腐敗病（sheath-rot）の菌類を伝播することが知られている（伊戸，1996）．

9.3 殺ダニ剤と抵抗性の発達

ハダニの防除は，化学的防除と生物的防除が中心である．殺ダニ剤として，古くはマシン油（冬季の殺卵）や石灰イオウ合剤（春季），食毒性の強いデリス（夏季）が使われてきた．しかし，第二次大戦後急速に普及した DDT などの有機合成殺虫剤の散布が，マイナー害虫であったハダニを一気に大害虫化させたことから，殺ダニ専門剤の開発が 1948 年頃から始まった．殺ダニ剤は有機塩素系から有機リン系，ジニトロ化合物，ジフェニル化合物，有機スズ化合物，キノキサリン系化合物，抗生物質（ポリナクチン複合体）などへと推移し（石井，1965），その後，人体や環境への配慮から選択性や安全性の高いものへと開発の主眼が移行した．その新機軸として 1985 年にチアゾリジノン系のヘキシチアゾクス（hexythiazox）が上市された．この流れに沿って，チオカーバメート系，IGR 系，合成ピレスロイド系，METI（電子伝達系阻害剤），抗生物質，アンカプラー，キノン系など，さまざまな作用機構をもつ化合物が続々と登場した．2000 年以降は，ナフトキノン，ヒドラジン，ピリミジニルオキシ，テトロン酸，β-ケトニトリル，マクロライド系，カルボキサニリド系などのより安全性の高い新規殺ダニ剤が登録・上市されている（山本，2015）．

同一の殺ダニ剤を毎世代連用すると，ほとんど例外なく抵抗性が発達し，これ

らを抵抗性系統（resistant strain）という．昆虫の薬剤抵抗性を WHO（世界保健機構）は，"対象昆虫の正常な集団の大多数の個体を殺すような薬量に耐える能力がその系統に発達し，その特性が遺伝すること" と定義している（森，1981）．

A という薬剤で処理し続けて抵抗性が発達すると，一度も散布したことがない B 剤にも抵抗性が発達してしまう現象を交差抵抗性（cross-resistance）という．A 剤と C 剤で淘汰していくと，両方の剤に抵抗性が発達する現象を複合抵抗性（multiple-resistance）という．たとえばミカンハダニでは，4 剤（pyridaben, fenpyroximate, tebfenpyrad, pyrimidifen）が互いに交差している．

農薬散布などの人為的行為が原因となって，通常は起こらない多発生が誘導されることをリサージェンス（resurgence, 誘導多発生）現象という．たとえばリンゴハダニでは，産卵スピードが早まり，通常は卵が産下されてから 1 卵だけが成熟してくるが，DDT を散布すると産卵と同時に 2 卵かそれ以上の卵の卵黄形成が始まる．結果として増殖率が増加したと考えられている（Seifert, 1961）．合成ピレスロイド剤によるミカンハダニのリサージェンスが起こる原因は，合成ピレスロイド剤のハダニに対する活性が弱い一方，天敵に対する活性が強いことと，散布後の合成ピレスロイド剤の残効が長いため，長期間にわたって天敵の活動を阻害することによると考えられている（古橋・森本，1989）．

ハダニが抵抗性を発達しやすい原因として，短い発育日数，狭い行動範囲に基づく均質集団の容易な形成，産雄単為生殖による半数体（雄）での抵抗性遺伝子の淘汰，高い繁殖力と近親交配があげられている（後藤，2003 など）．さらに，一般昆虫の抵抗性遺伝子頻度は $10^{-10 \sim -13}$ である（Roush & McKenzie, 1987）が，ハダニの一種 *Tetranychus pacificus* の色素形成にかかわる 6 遺伝子の突然変異率は，1 遺伝子座につき 1 世代あたり $0.8 \times 10^{-4} \sim 2.8 \times 10^{-4}$ であり，ほぼ同じ世代時間をもつ他の節足動物（$10^{-5 \sim 7}$）よりもきわめて高いことも，抵抗性が発達しやすい原因と考えられている（井上，1985 など）．

"捕食性または寄生性天敵，あるいは病原微生物天敵を用いて，それらの天敵が欠如した場合よりも有害動物の個体群を低い密度に保たせる行為" を生物的防除という（森，1981）．2015 年現在で市販されている天敵カブリダニは，6 種である（11 章参照）．これらの利用によって，薬剤による防除回数は格段に減少しつつある．

9.4 海外からやってくる植物のダニ

 日本はさまざまな国や地域から野菜や果実，花卉などを輸入しており，これらの輸入作物とともに多くのダニ種が侵入してくる可能性が高い．日本に生息する植物ダニのうち，ハダニではミツユビナミハダニ *Tetranychus evansi* やルイスアケハダニ *Eotetranychus lewisi* など4種，ヒメハダニではオンシツヒメハダニなど4種，フシダニではチューリップサビダニ *Aceria tulipae* など6種，そしてシクラメンホコリダニ *Phytonemus pallidus* の15種が海外からの侵入種であると考えられている（後藤・江原，2012）．

 ここでは，近年発見されたミツユビナミハダニを取り上げる．本種は当初，日本国内の新種とされていたが，その後の調査で，じつは外来種であることが判明した（Gotoh *et al.*, 2009）（図9.9）．

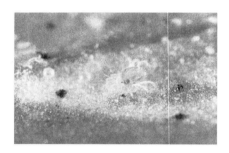

図 9.9 ミツユビナミハダニ（*T. evansi* = *T. takafujii*）の雌成虫

9.4.1 ミツユビナミハダニの発見と特徴

 本種は2001年から大阪府，京都府，兵庫県，東京都などの港湾や河川敷などに生えているナス科雑草（ワルナスビ，イヌホウズキ）に限って発生が認められていた（大橋ほか，2003）．このうち，大阪府の個体に基づいて，*Tetranychus takafujii* として新種記載された（Ehara & Ohashi, 2002）．しかし，その後世界5ヶ国から採集した近縁種である *T. evansi* の6個体群と *T. takafujii* 個体群のDNA塩基配列，生殖和合性および形態の詳細な比較検討が行われた結果，*T. evansi* のシノニム（synonym, 同一種に複数の異なる名前がついていること）であると結論された（Gotoh *et al.*, 2009）．和名はそのまま踏襲され，「ミツユビナ

ミハダニ」である．

9.4.2 ミツユビナミハダニの分布の拡大

本種は，1960年にモーリシャス諸島のトマトから採集された個体に基づいて，Baker & Pritchard (1960) によって記載されたが，もともとは南アメリカ起源（現在の知見を総合するとブラジル）であり，モーリシャス諸島にはトマトに付着して持ち込まれたと考えられている．本種の分布は，1980年代中頃まではインド洋上の島々，ブラジルなどの南アメリカ，プエルトリコ，北アメリカ（フロリダ半島），ジンバブエに限られていた（図9.10）．ところがその後，欧州やアジアに急激に分布を拡大していった．つまり，アフリカ諸国（1987～2005），南ヨーロッパ諸国（1995～2007），そしてアジアの日本（2002）や台湾（2005）にも侵入した（後藤・五箇，2012）．

ヨーロッパでは，本種の侵入に対する警戒を強化している．この背景には，現在農業現場で広く使われているハダニの生物農薬であるミヤコカブリダニ剤やチリカブリダニ剤がミツユビナミハダニの個体数を抑制できないことがある（Escudero & Ferragut, 2005 など）．これらの市販天敵の効力が低下するメカニズムとして，ミツユビナミハダニを餌として捕食した場合，天敵類の発育速度や生存率，捕食量，増殖率が，他のハダニ種を捕食した場合に較べて，著しく低下

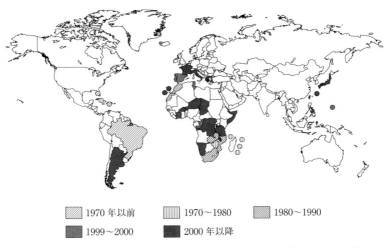

図 9.10 ミツユビナミハダニの世界的な分布拡大（後藤・五箇，2012を改変）

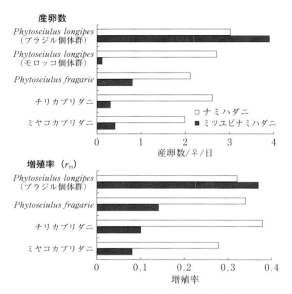

図 9.11 カブリダニ 4 種におけるミツユビナミハダニとナミハダニを餌にした場合の産卵数と内的自然増加率（r_m，増殖率）（de Moraes & McMurtry，1985；Escudero & Ferragut，2005；Furtado *et al.*，2007 より作図）

することが示されている（Escudero & Ferragut，2005 など）（図 9.11）. そのため，本種の侵入は，減農薬や無農薬栽培を行っている施設ナス科作物の栽培体系への重大な障害になると懸念されている．そこで，ミツユビナミハダニの原産地と考えられる南アメリカにおいて有力な天敵を捜す事業が 2000 年代前半から実施され，いくつかの有力な天敵候補（カブリダニ科の *Phytoseiulus longipes* とテントウムシ科の *Stethorus tridens* など）が発見されている（Furtado *et al.*，2007 など）．ところが，*P. longipes* は地中海地方やモロッコ，チリにも分布しているが，たとえばモロッコの個体群はチリカブリダニと同様にミツユビナミハダニを餌とした場合に，発育率や捕食量，増殖率が著しく低下する（de Moraes & McMurtry，1985 など）（図 9.11 参照）．つまり，*P. longipes* の個体群間には，ミツユビナミハダニに対する適合性に大きな違いがある．

日本では，2001 年に大阪府と京都府の港湾や河川敷などに生えているナス科雑草から発見された後，兵庫県や東京都などでもナス科雑草への寄生が確認されている．その後，2008 年に福岡県，鹿児島県，沖縄県伊良部島，2009 年に長崎県，2010 年に高知県（施設栽培ナス），沖縄県（露地栽培ナス），皇居内（後藤，

2014), 2011年に静岡県, 2012年に奈良県（施設栽培トマト）, 2013年に千葉県（施設栽培ナス）, 長崎県（ばれいしょ）での発生が確認されている（後藤・五箇, 2012など）. しかし, いずれも単発の報告であり, 定着は確認されていない. 野外に定着できない原因は, 冬期間の気温が低いことによると推測されているが, 詳細は不明である.

9.4.3 ミツユビナミハダニの特徴

ナミハダニなどでは, 同種が加害している葉を避けて, 未加害葉を選好し, 産卵数は加害葉よりも未加害葉で2倍以上も多くなる. これに対して, ミツユビナミハダニでは, 加害葉への産卵数が未加害葉の2倍近くになる（図9.12）(Sarmento et al., 2011a, b). これは, 植物が食植者への防御物質として生産しているプロテイナーゼ活性を, ミツユビナミハダニが加害することによって阻害しているためであり, 加害葉のプロテイナーゼ阻害活性（トリプシン量）は未加害葉の1/3程度まで抑制される（Sarmento et al., 2011a, b）. つまり, ミツユビナミハダニが自種の増殖を促すように植物の葉の質を操作しているのである. このような現象は他のハダニでは知られておらず, ミツユビナミハダニの特異な生態であり, ひとたび侵入すると防除が困難になる可能性が高い. （後藤哲雄）

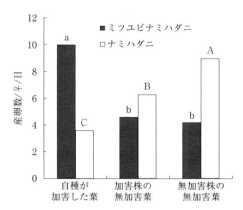

図 9.12 ミツユビナミハダニとナミハダニにおける葉質の違いに基づく産卵数の相違 (Sarmento et al., 2011a より作図)
大文字と小文字ごとの同一英文字間に有意差はない（$p > 0.05$）.

引用・参考文献

浅田三津男（1995）殺ダニ剤―開発の推移と現状．化学と生物，**33**（2）：104-113.
Baker, E. W. and Pritchard, A. E. (1960) The Tetranychoid mites of Africa. *Hilgardia*, **29**：455-574.
de Moraes, G. J. and McMurtry, J. A. (1985) Comparison of *Tetranychus evansi* and *T. urticae* [Acari：Tetranychidae] as prey for eight species of phytoseiid mites. *Entomophaga*, **30**：393-397.
江原昭三（2009）ヒメハダニ科およびケナガハダニ科の概説と同定．「原色植物ダニ検索図鑑」（江原昭三・後藤哲雄編）．pp.223-229，全国農村教育協会，東京．
江原昭三・後藤哲雄（2009）ハダニ科の概説と同定．「原色植物ダニ検索図鑑」（江原昭三・後藤哲雄編）．pp.204-222，全国農村教育協会，東京．
Ehara, S. and Ohashi, K. (2002) A new species of *Tetranychus* (Acari：Tetranychidae) from the Kinki district, Japan. *Acta Arachnol.*, **51**：19-22.
Escudero, L. A. and Ferragut, F. (2005) Life-history of predatory mites *Neoseiulus californicus* and *Phytoseiulus persimilis* (Acari：Phytoseiidae) on four spider mite species as prey, with special reference to *Tetranychus evansi* (Acari：Tetranychidae). *Biol. Control*, **32**：378-384.
古橋嘉一・森本輝一（1989）ハダニ類の合成ピレスロイド剤によるリサージェンスと防止対策．植物防疫，**43**：375-379.
Furtado, I. P. *et al.* (2007) Potential of a Brazilian population of the predatory mite *Phytoseiulus longipes* as a biological control agent of *Tetranyhchus evansi* (Acari：Phytoseiidae, Tetranychidae). *Biol. Control*, **42**：139-147.
Gibson, R. W. (1974) Studies on the feeding behavior of the eriophyid mite *Abacarus hystrix*, a vector of grass viruses. *Ann. Appl. Biol.*, **78**：213-217.
後藤哲雄（2003）殺ダニ剤．「農薬学」（佐藤仁彦・宮本　徹編）．pp.143-148，朝倉書店，東京．
後藤哲雄（2014）皇居における植物寄生性ダニ類．国立科博専報，(50)：35-40.
後藤哲雄・江原昭三（2012）ダニ目．「原色図鑑　外来害虫と移入天敵」（梅谷献二編）．pp.269-284，全国農村教育協会，東京．
後藤哲雄・五箇公一（2012）植物防疫法と外来ハダニ類．地球環境，**17**：175-182.
Gotoh, T. *et al.* (2009) Evidence of co-specificity between *Tetranychus evansi* and *Tetranychus takafujii* (Acari：Prostigmata, Tetranychidae)：comments on taxonomic and agricultural aspects. *Int. J. Acarol.*, **35**：485-501.
井上晃一（1985）ハダニ類の薬剤抵抗性の遺伝的特性．遺伝，**39**（10）：76-81.
石井敬一郎（1965）殺ダニ剤．「ダニ類」（佐々　学編）．pp.421-463，東京大学出版会，東京．
伊戸泰博（1977）日本産ホコリダニ科の分類と検索．「ダニ学の進歩」（佐々　学・青木淳一編）．pp.223-240，図鑑の北隆館，東京．
伊戸泰博（1996）ホコリダニ類の生態と主要種．「植物ダニ学」（江原昭三・真梶徳純編著）．pp.278-288，全国農村教育協会，東京．

伊戸泰博（2009）ホコリダニ科の生態，形態と検索．「原色植物ダニ検索図鑑」（江原昭三・後藤哲雄編）．pp.246-249，全国農村教育協会，東京．

上遠野冨士夫（1996）フシダニ類．「植物ダニ学」（江原昭三・真梶徳純編著）．pp.204-248，全国農村教育協会，東京．

上遠野冨士夫（2009）フシダニ上科の概説と同定．「原色植物ダニ検索図鑑」（江原昭三・後藤哲雄編）．pp.230-245，全国農村教育協会，東京．

近藤秀樹（2013）分節型ゲノムを持つラブドウイルス．ウイルス，**63**：143-154．

Kondo, H., Maeda, T. and Tamada, T. (2003) Orchid fleck virus：*Brevipalpus californicus* mite transmission, biological properties and genome structure. *Exp. Appl. Acarol.*, **30**：215-223.

水谷勝巳・江頭　快・東海　正（2001）ダニの微小歩行機械としての性能評価．2001年度精密工学会秋季大会学術講演会講演論文集，p.464．

森　樊須（1981）植物ダニ類．「応用動物学」（草野忠治ほか著）．pp.117-170，朝倉書店，東京．

大橋和典・小坪　遊・高藤晃雄（2003）近畿地方で発見されたミツユビナミハダニの発生分布と越冬能力．日本ダニ学会誌，**12**：107-113．

Raworth, D. A., Fauvel, G. and Auger, P. (1994) Location, reproduction and movement of *Neoseiulus californicus* (Acari：Phytoseiidae) during the autumn, winter and spring in orchards in the south of France. *Exp. Appl. Acarol.*, **18**：593-602.

Roush, R. T. and McKenzie, J. A. (1987) Ecological genetics of insecticide and acaricide resistance. *Annu. Rev. Entomol.*, **32**：361-380.

Saito, Y. (1983) The concept of "life types" in Tetranychinae. An attempt to classify the spinning behavior of Tetranychinae. *Acarologia*, **24**：377-391.

齋藤　裕（1996）行動．「植物ダニ学」（江原昭三・真梶徳純編著）．pp.105-124，全国農村教育協会，東京．

Sarmento, R. A. *et al.* (2011a) A herbivore that manipulates plant defence. *Ecol. Lett.*, **14**：229-236.

Sarmento, R. A. *et al.* (2011b) A herbivorous mite down-regulates plant defence and produces web to exclude competitors. *PLoS ONE*, **6**（8）：e23757.

Seifert, G. (1961) Der Einfluss von DDT auf die Eiproduktion von *Metatetranychus ulmi* Koch（Acari, Tetranychidae）. *Z. angew. Zool.*, **48**：441-452.

山本敦司（2015）ケーススタディから殺ダニ剤抵抗性マネージメントを考える．農業および園芸，**90**（3）：320-330．

山下修一・上遠野冨士夫・土居養二（1996）葉巻モザイク症状を示すシバから見出されたフシダニ（eriophyid mite）；シバハマキフシダニ（*Aceria zoysiae*）について．芝草研究，**25**：6-13．

Column 5　ハダニの冬越し

「ええっ，ダニって冬でもいるんですか？」と，学生たちによく聞かれる．何らかの形で自然界に存在しているのは自明であるが，どのような状態でいるのかを思い浮かべるのは確かに難しいかもしれない．

　植物に寄生するハダニについてみてみよう．図1はアラカシという常緑樹の葉に寄生しているカシノキマタハダニ *Schizotetranychus brevisetosus* の12月のようすである．葉脈沿いに張りめぐらされた巣網の下に，雌成虫と彼女たちが産んだ卵がある（黒い粒は巣網の上に排出された糞）．虫の類は冬場は活動しないと思われがちだが，気候がおだやかで餌となる植物があれば活動できるのである．ただし，すべての発育段階（ステージ）がいるわけではない．図1をよく見ると，成虫と卵しかおらず，夏場にみられる幼虫や若虫がいない．特定のステージで冬を乗り切るように，ハダニ自身が発育を調節しているのである．この種類は成虫と卵の両方で冬越ししているが，越冬ステージは種によって異なり，成虫だけで越冬するもの，卵だけで越冬するもの，成虫と卵の両方で越冬するもの，および卵から成虫までのすべてのステージで越冬するものがいる．成虫や卵で越冬する種では，越冬個体は通常の発育や繁殖をストップして「休眠」という特殊な生理状態にある．休眠ステージには特徴的な色がつくことがあり，図1の卵も夏場とは違う鮮やかなオレンジ色をしているので，おそらく休眠していると思われる．

　ハダニはどうやって冬の訪れを知るのだろうか．じつはハダニは，1日のうちの日の長さ（日長）を感知して休眠に入っている．これはなにもダニに限ったことではなく，多くの昆虫も日長を短くしてやると休眠してしまう．このことは，冬の到

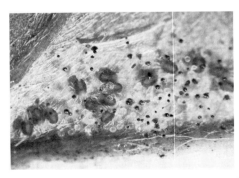

図1　カシノキマタハダニの雌成虫と越冬卵［巻頭カラー口絵15］

来を知らせる日長を感知する仕組みが，多様な節足動物の間で共通していることを物語っている．日長に加えて低温や餌の劣化も休眠を促す．しかし，ハダニの種類によっては日長に関係なく低温になるだけで休眠する種もあるし，逆に日が長くなると休眠してしまうような変わった種もいる．だから，季節環境を乗り切るための答えは1つではないのだろう．最近では捕食者がいると休眠が起こりやすいという報告まであるので，ハダニの休眠の機能は単なる「冬越し」にとどまらないのかもしれない．

ところで，ハダニは体のどこで光を受けるのだろうか．大阪市立大学理学研究科の堀雄一氏らはナミハダニの背面の両側にある2対の単眼のそれぞれを，顕微鏡にとりつけた医療用レーザーで焼き潰し，休眠反応がどのように変わるかについて詳細に調べた（図2（a），（b））．その結果，前後両方の単眼が休眠反応に重要であることがはっきり示された（Hori et al., 2014）．このようなミクロの研究はまだ始まったばかりだが，ナミハダニなどで近年行われている次世代シーケンサーを使ったゲノム解析が休眠メカニズムの解明にも大きな手がかりを与えてくれることは疑いない．

（伊藤　桂）

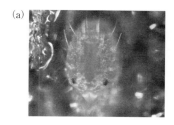 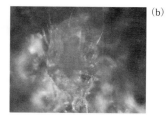

図2 ナミハダニの正常なメス（a）と単眼を焼き潰したメス（b）（写真提供：大阪市立大学理学研究科・後藤慎介准教授）

引用・参考文献

Hori, Y. *et al.* (2014) Both the anterior and posterior eyes function as photoreceptors for photoperiodic termination of diapause in the two-spotted spider mite. *J. Comp. Physiol. A*, **200**：161-167.

Column 6　ナミハダニが移動分散する意味

　動物にとって移動分散は，生存のため，または多くの子孫を残すために重要な行動である．移動分散する利点は，おもに食物環境が悪化した場合にそこから逃れて新天地を求めること，そして天敵から逃れることにある．植食性のダニであるハダニは，翅をもたず基本的には歩行で移動分散を行う．常に糸を出し続けながら歩いているので，歩き回ることで立体的な巣網を張るが，これが天敵からの防衛にかなり役立っている．また歩行だけでなく，風に乗って飛び立つことによって，さらに遠方へと生息場所を広げ，糸を追跡してくる天敵から逃れているようである．

　ただし，特殊な環境では，ハダニは移動分散を忘れてしまうこともある．農業害虫のナミハダニでは，野外のリンゴ園から採集したものを実験室内でインゲンマメ葉に移植し飼育すると，せわしなく歩き回り立体的な巣網を作る．しかし，ハウス栽培のバラから採集したものはじっとして動かないので，あまり巣網が発達しない．そこで，圃場での移動分散を遺伝子マーカー（マイクロサテライト）で解析してみたところ，ナミハダニが頻繁に移動分散する距離は，リンゴ園では 100 m 以上なのに対してバラ園ではわずか 2〜3 m 程度であることがわかった．つまりバラのナミハダニでは，移動分散力が明らかに落ちているのである．

　じつは，バラなどの花卉園芸では，品質を保つために高頻度で農薬を散布するせいで，害虫の密度が低くコントロールされており，餌（葉）の環境が均一によく保たれている．また，農薬は天敵類も死滅させる．そのためナミハダニは，餌を探し求める必要も，天敵に対して防衛・逃亡する必要もなくなり，移動分散の性質を退化させてしまっているのである．ただ，移動分散を忘れたナミハダニは怠けているわけではない．その代わりにたくさん葉を吸汁して丸々と太り，子孫を増やすことに集中しているようである．そのせいで花卉園芸圃場では，ちょっとした不注意でナミハダニが爆発的に発生し，しばしば農家の頭を悩ます．　　　　（上杉龍士）

第10章
農業のダニ②
(害になるダニ・土壌)

10.1 土壌中にはどんな害になるダニがいるか

　自由生活性のケナガコナダニ属 *Tyrophagus* は汎世界的に分布し，人間の生活と密接に関係する多様な環境下で発見されるため，古くから食品・衛生害虫，屋内塵性害虫として問題になってきた（8章参照）．しかし，農業技術の発展により施設栽培が盛んになるに伴って，これらが作物にも害を与える例が認められるようになった．わが国では1970年代から温室やハウス栽培のキュウリ（深沢，1974），野菜類の育苗床（藤本・足立，1977）などでケナガコナダニ *Tyrophagus putrescentiae* による株の奇形や枯死などが報告され始めた．オハイオ州の温室栽培キュウリで初めて確認されたオンシツケナガコナダニ *Tyrophagus neiswanderi* では（Johnston & Bruce，1965），野菜類だけでなくコチョウランなど花卉に対する加害も認められている．育苗時の保温資材として使用される稲藁，籾殻，ピーナツ殻などが発生源となり，加温が多発を招いたと考えられている．さらに，中尾（1988）は育苗中のウリ類を中心にオオケナガコナダニ *Tyrophagus perniciosus* やホウレンソウケナガコナダニ *Tyrophagus similis* の発生を認め，ケナガコナダニ属は農業害虫としても重要であると認識されるようになった．施設栽培は高度に人工的な環境条件下にあり，ケナガコナダニ属の増殖に好適な環境を提供していると推測される．近年では，特にホウレンソウ栽培において全国的に被害が顕著である．主要な加害種はホウレンソウケナガコナダニ（図10.1）で，北海道の一部地域ではオオケナガコナダニや *Mycetoglyphus* 属のニセケナガコナダニ *Mycetoglyphus fungivorus* による被害も記録されている（中尾，1989）．ホウレンソウでは出荷される部分が直接加害されるため，少しの被害でも商品価値が著しく低下する．

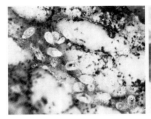 

図 10.1 ホウレンソウを加害するホウレンソウケナガコナダニ *Tyrophagus similis*（左）と新芽の被害（右）［巻頭カラー口絵 13］
雌成虫の体長は 400～700 μm，雄成虫では 320～550 μm．卵-幼虫-第 1 若虫-第 3 若虫-成虫と発育する．ヒポプス（第 2 若虫）は生じない．ホウレンソウ新芽に集中して寄生し，密度が高いときは新芽がすべて食害され芯止まりになる．

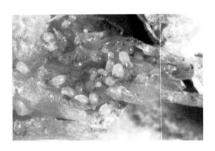

図 10.2 ネギ地下部を加害するロビンネダニ *Rhizoglyphus robini*（中尾原図）［巻頭カラー口絵 14］
雌成虫の体長は 500～1100 μm，雄成虫では 450～720 μm．連作圃場や窒素過多の圃場で発生がよくみられる．腐敗病菌を伝搬し発病を誘発するとされる．

一方，ケナガコナダニ属と同様にコナダニ科に所属するネダニ類は，古くからおもにユリ科作物の根部や球根に寄生する農業害虫として知られている．従来，ネダニ *Rhizoglyphus echinopus* が加害種と言われてきたが（友永，1963），最近の調査ではロビンネダニ *Rhizoglyphus robini*（図 10.2）が普通種で，ネダニは確認されていない．ネダニモドキ属 *Sancassania* やミズコナダニ属 *Schwiebea* が混発することもある（真梶ほか，1986）．加害を受けた作物は，はじめ葉が退色したりして生育が悪くなるが，発生が多くなると根がほとんどなくなり，株が簡単に引き抜けるようになる．砂壌土や火山灰土で発生が多く，特に酸性土壌で多発する傾向がある（友永，1963）．近年になって，やはり施設栽培の普及や主産地化が進行するなかで本種の多発が問題視されるようになるとともに，薬剤感受性の低下も顕在化している（高井，1981）．

10.2　ホウレンソウケナガコナダニとロビンネダニ

　ホウレンソウケナガコナダニはハダニ類のような植物葉に寄生するダニとは異なり，通常はおもに耕作土壌の表層で生息し（Kasuga & Amano, 2005），植物性，動物性を問わず未熟な有機物を餌として増殖する（齊藤, 2013）．さらに，ホウレンソウ栽培においてしばしば地表に繁茂する藻類（おもに *Protoshiphon* 属）も本種の餌として好適で，重要な栄養源である（本田ほか, 2013）．しかし，土壌での密度増加が必ずしも被害につながるというわけではない．ケナガコナダニ属のダニ類は一般的に湿度 75% RH 以上の環境条件を好むため（松本, 1977），土壌が乾燥すると好適な環境を求めて移動し，適湿を保っているホウレンソウの新芽部分に定着・加害する．土壌が生存に好適な湿潤条件であれば移動は抑制され，被害にはつながりにくい（松村ほか, 2009）．最新の研究では，地表面に藻類が存在する場合，高湿度条件下ではダニは藻類に集合してホウレンソウへの移動が抑制されるが，土壌中に分散している個体と比較して湿度変化の影響を受けやすいため，わずかな乾燥によってもいっせいに植物体上へ移動を開始し，大きな被害につながることが明らかになった（図 10.3）（本田ほか, 2015）．

　ロビンネダニは根の基部や鱗茎の間隙などに群生して食害し，球根の内部にまで侵入して貯蔵中の鱗茎内でも増殖する．しばしば腐敗症状と併発することから，どちらが一次的な要因であるかが問題となっているが，無菌状態では第1若虫以降の発育進展がみられないことから（柴田, 1960），本種の寄生は二次的なもので

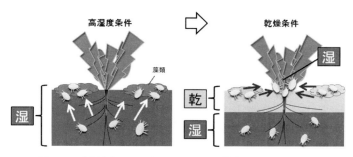

図 10.3　藻類存在下におけるホウレンソウ被害発生のメカニズム
高湿度条件では地表面の藻類（おもに *Protoshiphon* 属）に土壌中のホウレンソウケナガコナダニが集合するが，乾燥条件になると高湿度の場所を求めていっせいに移動を開始し，適湿を保つホウレンソウに定着・加害する．

あると考えられている．卵→幼虫→第1若虫→第3若虫→成虫と発育するが，不良環境下ではときとして第1と第3若虫の間に厚い外皮で覆われ口器を欠くヒポプス（hypopus，第2若虫）が出現する．ヒポプスは乾燥と飢餓に対して抵抗力が強く，餌がなくても土中に長期間生息し，環境条件がよくなると第3若虫→成虫と発育して繁殖を始めるので，発生源として重要である．

10.3　害になる土壌ダニの防除

前述のようにホウレンソウケナガコナダニは普段は土壌中で生息するため，茎葉散布剤を用いた防除はダニが地上に移動してくるタイミングで実施する必要があり，効果が不安定である．土壌中のダニに対しては薬剤や熱を利用した土壌消毒や，土壌還元消毒（図10.4）が行われており，高い効果が認められている．しかし，消毒の行き届かない場所などからの再侵入により数ヶ月程度で再発することが多いことから，圃場周縁部に稲藁を設置して土着天敵を発生させ，再侵入のリスクを低減する方法が考案された（星野，2012）．また，新たな耕種的防除法として播種前の多耕耘が提案されている（松村ほか，2012a）．耕耘の物理的衝撃による直接的な死亡や，生息場所となる土壌の粗孔隙の減少，保水性の向上による地上部への離脱抑制などにより，被害が軽減すると考えられている（齊藤，2015）．積雪のない地域では，休作中に土壌を降雨に長期間さらして密度低下を図る方法（松村ほか，2012b）なども実施されている．

一方，地下部を加害するロビンネダニは発生してからの対策がきわめて難しい

図10.4　米ぬかを用いた土壌還元消毒の例

米ぬかを土壌に混和し（左），十分に灌水したうえでビニールなどにより20日程度被覆した状態を保つ（右下）ことで，土壌が強い還元状態（酸欠状態）になり土壌病害虫の生息に不適な環境になる．還元処理がうまくいけばいわゆる「ドブ臭」がする．米ぬかのほかにふすま，糖蜜，エタノールなども利用されている．

ため，やはり植え付け前の密度を低下させることが重要である．収穫残渣や雑草を除去し圃場を清潔に保つことや，本種の寄生を受けにくい作物を輪作に組み込んで蔓延を防止することが防除の基本である．薬剤による土壌消毒は有効な手段であるが，本種は40℃以上の温度条件が続くと生存率が低下するため（春日・本多，2006），熱の利用も可能である．また，1～2ヶ月圃場を湛水処理することでも防除効果が期待できる（高井，1985）．ただし，土壌をいくらきれいにしても寄生された種球や苗を持ち込むと発生源になってしまうことから，健全なものを用いる必要がある．薬剤に依存しない防除方法として，種球では温湯を用いた浸漬処理が広く実施されてきたが，西村（2014）はニラ苗でも温湯浸漬が可能であることを示した．また，本種は乾燥にも弱いため，ラッキョウなどでは種球を天日にさらす方法もとられている．

10.4　ケナガコナダニによるキノコの被害

　ケナガコナダニ属のダニは，キノコ菌床栽培においてもしばしば大発生する．鋸屑米ぬか培地では培養初期にケナガコナダニが発生するが，本種により害となる菌（トリコデルマ菌 *Trichoderma* spp. またはヒポクレア菌 *Hypocrea* spp.）が運ばれ，キノコ菌糸が伸長しなくなる（岡部，1992）．また，オンシツケナガコナダニは菌の伝搬だけでなく直接シイタケやブナシメジの菌糸や子実体を食害することがある．したがって，原木栽培でもハウス栽培では被害が発生する．子実体を加害する際，キノコ原基の内部に侵入し，増殖しながら内部組織を摂食する．そのため，子実体は発育できず，やがて腐敗，劣化する．　　　　　　　　　（齊藤美樹）

引用・参考文献

藤本　清・足立年一（1977）ナス育苗床でのケナガコナダニの発生と防除．日本応用動物昆虫学会中国支部会報，**19**：1-7.
深沢永光（1974）ダニ類による野菜の被害の実態と防除．植物防疫，**28**：107-109.
本田善之ほか（2013）ホウレンソウ栽培ハウスにおけるホウレンソウケナガコナダニ *Tyrophagus similis* Volgin（Acari：Acaridae）の藻への定着性．日本応用動物昆虫学会誌，**57**：235-242.
本田善之・笠井　敦・天野　洋（2015）湿度条件の変化が藻類に定着したホウレンソウケナガコナダニ *Tyrophagus similis* Volgin（Acari：Acaridae）の移動に与える影響．日本応用動物昆虫学会誌，**59**：73-83.

星野　滋（2012）稲わらを利用したホウレンソウケナガコナダニの総合防除．「農業技術大系：畑の土壌管理」．pp.172；27；2-9，農文協，東京．

Johnston, D. E. and Bruce, W. A.（1965）*Tyrophagus neiswanderi*, a new acarid mite of agricultural importance（Acari-Acaridei）. *Res. Bull. Ohio. Agric Exp. Stn.*, **977**：1-17.

Kasuga, S. and Amano, H.（2005）Spatial distribution of *Tyrophagus similis*（Acari：Acaridae）in agricultural soil under greenhouse conditions, *Appl. Entomol. Zool*, **40**：507-511.

春日志高・本多健一郎（2006）ホウレンソウケナガコナダニの高温耐性ならびにオンシツケナガコナダニ，ケナガコナダニ，ロビンネダニとの種間比較．日本応用動物昆虫学会誌，**50**：19-23.

松本克彦（1977）コナダニ類の発育条件．「ダニ学の進歩」（佐々　学・青木淳一編）．pp.569-579，図鑑の北隆館，東京．

松村美小夜・安川人央・福井俊男（2009）奈良県内のホウレンソウ栽培施設土壌におけるホウレンソウケナガコナダニの春季の発生消長と栽培管理の影響．奈良県農業総合センター研究報告，**40**：1-7.

松村美小夜・川島充博・天野　洋（2012a）播種前の耕耘によるホウレンソウケナガコナダニ防除とトゲダニ類の発生に対する影響．関西病虫害研究会報，**54**：161-162.

松村美小夜・安川人央・神川　諭（2012b）施設栽培ホウレンソウにおける休作中の降水量がホウレンソウケナガコナダニの発生に及ぼす影響．奈良県農業総合センター研究報告，**43**：23-30.

中尾弘志（1988）野菜類を加害するコナダニ類の北海道における発生と被害実態．植物防疫，**42**：443-446.

中尾弘志（1989）野菜類を加害するコナダニ類に関する研究：I．ホウレンソウにおけるコナダニ類の加害実態．北海道立農業試験場集報，**59**：41-47.

西村浩志（2014）温湯を利用したニラのロビンネダニに対する防除．植物防疫，**68**：23-26.

岡部貴美子（1992）菌床栽培きのこにおけるダニ害の実態．森林防疫，**41**：49-52.

齊藤美樹（2013）捕食性土着天敵ヤドリダニ類を用いた作物加害性コナダニ類の生物的防除に関する研究．北海道立総合研究機構農業試験場報告，**135**：1-81.

齊藤美樹（2015）耕耘回数の増加とそれに伴う土壌物理性の変化がホウレンソウケナガコナダニ密度に与える影響．日本応用動物昆虫学会誌，**59**：63-72.

柴田喜久夫（1960）ネダニの無菌飼育とその発育過程．北陸病害虫研究会報，**8**：106-108.

真梶徳純・岡部貴美子・天野　洋（1986）ラッキョウとニラに寄生するネダニ類の種類と薬剤感受性．応用動物昆虫学会誌，**30**：285-289.

高井幹夫（1981）ネダニの薬剤抵抗性について．高知県農林技術研究所研究報告，**13**：45-48.

高井幹夫（1985）施設におけるネダニの生態と防除 Ⅲ ハウスニラにおけるネダニの防除．高知県農林技術研究所研究報告，**17**：33-38.

友永　冨（1963）ラッキョウを加害するネダニの生態と防除に関する研究．福井県農業試験場特別報告，**1**：1-83.

Column 7　ダニのケミストリー ―コナダニはレモンの香り？―

　この本を手に取った読者の皆さんは，クモの仲間であるダニたちが農作物に甚大な被害を与えたり，病気を媒介したり，人間に対して負の影響を与える一方で，生態系のなかで重要なさまざまな役割を果たしていることも理解していただいていると思う．そんなダニたちが化学者としても有能であり，他の動物とは少し異なった能力をもつ生き物であることにスポットを当てたい．ケミストリーの観点からみても，ダニは特徴のある動物群である．

　私はコナダニのケミストリーの話をするとき，いつも最初にダニの電子顕微鏡写真（図1）を示し，見慣れていない人に若干グロテスクな印象を与えることにしている．そのうえで，コナダニのお尻には分泌腺（後胴体部腺）があり，ここからさまざまな匂いが放出されていることを語る．そして，コナダニが分泌する化合物の匂いを嗅いでもらう．種明かしすれば，コナダニの電子顕微鏡写真で驚かせ，嗅いでもらう匂いとは，じつはレモンの香りシトラールである（図2）．読者にその香りを伝えられないのは非常に残念だが，とてもよい芳香だ．そう，コナダニの一種はレモンの香りを分泌するのである（Kuwahara et al., 1980）．シトラールはテルペンと呼ばれる化合物群に属する．テルペン類は多くの植物から抽出され，人間生活にも利用されている．ペパーミントの香りのメントールやシナモンの香りのシンナムアルデヒドもテルペン類である．さらに面白いことに，コナダニ類の放出テルペン類には，じつは珍しいものが多い．つまり，コナダニ類の生合成するテルペン類は，植物も含めて他の生物群からは報告されていないのである（図2）．

　コナダニ類が小さな化学者として優れているのは，これだけではない．われわれ

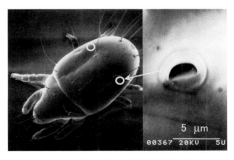

図1　コナダニ類の電子顕微鏡写真
　　　白丸は後胴体部腺．

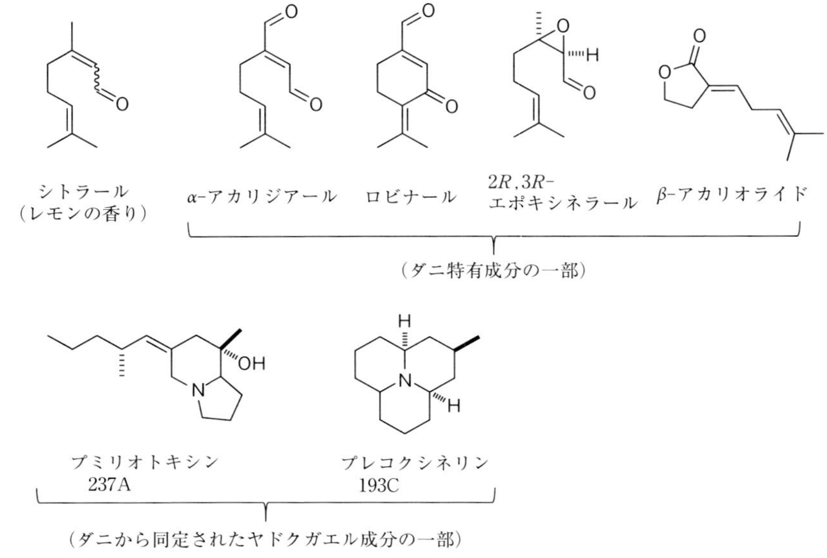

シトラール
（レモンの香り）

α-アカリジアール　ロビナール　2R,3R-エポキシネラール　β-アカリオライド

（ダニ特有成分の一部）

プミリオトキシン
237A

プレコクシネリン
193C

（ダニから同定されたヤドクガエル成分の一部）

図2　ダニ類から同定されたさまざまな化学物質

人間を含めて，多くの動物は脂肪酸のリノール酸・リノレン酸を生合成することはできない．これら脂肪酸は分子内の特定の位置（12位と15位）に二重結合をもつが，それを体内で導入する酵素をもっていないからだ．しかし，リノール酸・リノレン酸はプロスタグランジンやロイコトリエン等の生命活動に必須な化合物の前駆体として利用されるので，ほとんどの動物は両者を必須脂肪酸として食物から摂取しなければならない．ところが，驚いたことにコナダニ類はΔ12-デサチュラーゼという酵素によりオレイン酸の12位に二重結合を導入し，リノール酸を生合成する能力をもつこと（図3）を，筆者らは明らかにした（Aboshi et al., 2013; Shimizu et al., 2014）．よく調べてみると，昆虫の中にもわずかながらリノール酸生合成能をもつものもおり，2008年にはヨーロッパイエコオロギとコクヌストモドキから，12位に二重結合を導入する遺伝子も単離されていた（Zhou et al., 2008）．筆者らもコナダニの遺伝子を調べてみたところ，植物・カビはもちろんであるが，昆虫とも相同性が低い遺伝子が同定された（Aboshi et al., in preparation）．ここでも，コナダニ類はその特徴ある機能をもっていたのである．ただし，このコナダニも15位に二重結合を導入し，リノレン酸を生合成する能力はない．しかし，ダニのことである，人知れずにリノレン酸生合成能をもつものもいるのではないか？　もし見つかれば，動物での初めての報告となる．なんだかド

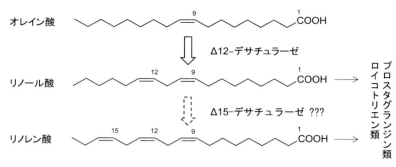

図3 ダニによるリノール酸の生合成

キドキする話ではないか.

その他にも,筆者らはササラダニ類がヤドクガエルの毒を生合成しており,ヤドクガエルの毒の起源はササラダニ類であることも明らかにしている(図2) (Takada et al., 2005 ; Saporito et al., 2007). こんな小さな生き物の中にも,驚くほど多様なケミカルワールドが展開されている. この小さな生き物がもつ化学者としての能力が,人類の生存にとっても役立つ日が来るかも知れない. ダニとはそんな夢も与えてくれる興味深い生き物なのである.
(森 直樹)

引用・参考文献

Aboshi, T. et al. (2013). Biosynthesis of linoleic acid in *Tyrophagus* mites (Acarina: Acaridae). *Insect Biochem. Mol. Biol.*, **43**:991-996.

Kuwahara, Y., Matsumoto, K., and Wada, Y. (1980). Pheromone study on acarid mites IV. Citral: composition and function as an alarm pheromone and its secretary gland in four species of acarid mite. *Jpn. J. Saint Zool.*, **31**:73-80.

Saporito, R. A. et al. (2007) Orbatid mites as a major dietary source for alkaloids in poison frogs. *PNAS*, **104**:8885-8890.

Shimizu, N. et al. (2014) De novo biosynthesis of linoleic acid and its conversion to the hydrocarbon (Z,Z)-6,9-heptadeciene in the astigmatid mite, *Caropoglyphus lactis*: Incorporation experiments with 13C-labeled glucose. *Insect Biochem. Mol. Biol*, **45**:51-57.

Takada, W. et al. (2005) Scheloribatid mites as the source of pumiliotoxins in dendrobatid frogs. *J. Chem. Ecol.*, **31**:2405-2417.

Zhou, X. R. et al. (2008) Isolation and functional characterization of two independently-evolved fatty acid Δ12-desaturase genes from insects. *Insect Mol. Biol.*, **17**:667-676.

第 11 章
農業のダニ ③
(防除に役立つダニ)

11.1 ダニがダニを食べる

　世の中には，ライオンがシマウマを襲い，シャチがアザラシを狩り，カマキリがチョウを狙うことを知っている人は多いが，ダニがダニを食すことを知る人は少ないかもしれない．農業や衛生上の有害ダニを捕食するダニの研究は，じつはダニ学では進んだ分野である．なかでもトゲダニ亜目には，ヤドリダニ，マヨイダニ，トゲダニ，ハエダニ，カブリダニなど，ダニを餌とするダニの科が多く含まれる．また，農業上の有害ダニが含まれるケダニ亜目にも，ナガヒシダニ，テングダニ，コハリダニ，ツメダニ，ハモリダニ，オソイダニなどの肉食性種を含む多くの科が知られている．これらのダニは，フシダニ，サビダニ，ハダニ，コナダニなどの農業害ダニのほか，ヒョウヒダニやチリダニなどの家屋害ダニを捕食する（江原・後藤，2009 など）．

　ダニを食べるダニのなかでも，カブリダニは研究例が多く実用性が高いグループとして知られている．実際，多くの植物上で，体長 0.4 mm 前後で光沢のあるクリーム色のカブリダニ（図 11.1）を発見する機会は比較的多く，商品としてのカブリダニ製剤（図 11.2）は施設で野菜を生産する農家にとっては身近な存在となっている．ちなみに，カブリダニとは，トゲダニ亜目カブリダニ科（Phytoseiidae）に分類されるダニの総称もしくは選抜された複数の種をまとめて表現する場合に使用され，本章でも，特定の 1 種を示す場合を除き，慣例に従って表現する．なお，和名のない種は学名のみで示す．

　2014 年現在，ハダニの天敵としてチリカブリダニ *Phytoseiulus persimilis* とミヤコカブリダニ *Neoseiulus californicus*，コナダニとアザミウマの天敵としてククメリスカブリダニ *Neoseiulus cucumeris*，アザミウマ，コナジラミ，ホコリダニ，

図11.1 ケナガカブリダニ（体長350 μm）ダニは右下を向いている．

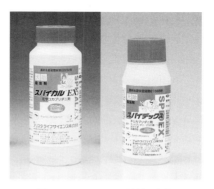

図11.2 カブリダニ製剤の容器
当初は右のようなボトルで販売されていたが，その後，輸送コスト削減のため左のボトルに変更された．

ミカンハダニの天敵としてスワルスキーカブリダニ *Amblyseius swirskii* の4種が市販されている．

11.2 カブリダニの種類

　農業に役立つカブリダニの研究は，1839年，コッホによる *Amblyseius obtusus* の報告から始まった（Chant, 1992）．ここでは *A. obtusus* のほかに4種が同時に報告され，その後，パイライカブリダニ *Typhlodromus pyri*（1857年），*Phytoseius plumifer*（1876年），*Seiulus hirsutigenus*（1887年），ディジェネランスカブリダニ *Iphiseius degenerans*（1889年）など1900年までに合計9種が新種として報告されたものの，1950年までに報告された新種は20種にとどまった．このなかのディジェネランスカブリダニは，カブリダニ製剤として現在販売されている種である．

　1950年代に入って有機合成殺虫剤が広範に使用され，その副作用としてハダニ類が頻発し世界的な重要害虫になると，農業現場においてハダニの有力天敵であるカブリダニの有用性が再評価された．基礎および応用研究が活発となり，これに従い，記載種数も450種（1965年），1000種（1982年），1675種（1992年），2250種（2004年），2709種（2014年）と急増した（いずれもその時点での累計種数）．種数の増加に伴って多様な分類体系が提案されてきた．そのなかには，属や

種の類縁関係の理解にある程度役立つような，亜科，族，亜族，属，亜属，種群などを設ける細分化された分類体系（Chant & McMurtry, 2003 など）もある．ただ，多くの研究者に支持される分類体系は，亜科（ムチカブリダニ亜科，ホンカブリダニ亜科，カタカブリダニ亜科）と属を設定する分類体系のようである（Demite *et al.*, 2014）．

　カブリダニは，米国（313種），中国（288種），インド（195種），ブラジル（190種），パキスタン（178種）などの地域を中心に調査され，多くの研究者によって新種として報告されているが，2709種のうち273種はシノニム（同物異名）と推定されている（Demite *et al.*, 2014）．現在，これらのあいまいさを解消するため，塩基配列を利用する系統推定の研究や種の識別（Okassa *et al.*, 2010 など），および証拠標本の作製を前提とする DNA 抽出法（Tixier *et al.*, 2010）などの研究が進展している．

　日本では，江原昭三博士によってカブリダニ研究の基礎が築かれた．江原は，1958年にヤマトカブリダニ *Scapulaseius japonicus* を新種記載，ケナガカブリダニ *Neoseiulus womersleyi* とイチレツカブリダニ *Euseius finlandicus* を本邦初記録として報告し，2009年までに59種を新種として，31種を本邦初記録として報告した（江原・後藤，2009）．1972年以降，日本におけるカブリダニの種数は1年に1種のペースで増加し（豊島ほか，2013），2009年以降も5種が追加され，今後も未記録種が発見される可能性は大きい．未記録種を迅速に識別するために

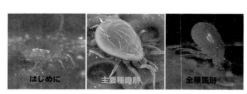

図 11.3　カブリダニの識別を勉強するためのポータルサイト
（http://phytoseiidae.acarology-japan.org/ ）

は，現在構築されている土着種の識別情報データベース（図 11.3）をよりいっそう充実させる必要がある．

11.3 カブリダニの発育と生殖生理

一般的に，カブリダニは体長 0.4 mm 程度で光沢のあるクリーム色をしており（例外としてオレンジ色のチリカブリダニなどもいる），葉脈沿いに生息し，ハダニ，コナダニ，フシダニ，アザミウマ，コナジラミ，花粉，菌糸などを餌とする（McMurtry & Croft, 1997）が，アブラムシを捕食するカブリダニは知られていない．餌種とその捕食量および産卵数などの生活史特性はカブリダニの種により大きく異なり（Hoy, 1982），どのような餌種に対してどの程度の密度抑制効果が期待されるか，種ごとに綿密な調査が必要になる．ただ，カブリダニ 1 個体の捕食量はそれほど多くないため，餌種の密度抑制はカブリダニ個体の捕食量よりも増殖力の高さによるところが大きい．そのため，カブリダニの繁殖メカニズムの解明は，餌種の範囲に次いで重要な研究課題となる（Helle & Sabelis, 1985）．

子孫を増やすため，カブリダニの雌成虫には交尾が必要である．雌成虫は，雄成虫との 1 回の交尾で蔵卵するほぼすべての卵を授精するに十分な精子を受け取ることが可能で，それら精子を雌体内の受精嚢という器官に一時的に蓄える（Helle & Sabelis, 1985）．卵巣内の卵子の発育に精子が関与することを示唆する証拠は得られているが（Di Palma & Alberti, 2001），精子がいつ，どのように受精嚢から卵巣へ移動するのか，直接的な証拠は得られていない．卵子は，卵巣に近接する栄養供給器官（lyrate organ）から卵黄タンパク質（またはその前駆物質）を受けとり卵黄顆粒として蓄積しながら，雌成虫の体の 4 分の 1 程度の大きさまで発育する．雌成虫は，1 日あたり 2〜4 卵のペースで時間間隔をあけて 1 卵ずつを，雌成虫の腹側ほぼ中央に位置する生殖口から体外に排出する．

卵は，孵化した後，幼虫，第 1 若虫，第 2 若虫を経て成虫になる．ハダニのように各発育ステージの間に明瞭な静止期はなく，発育ステージの後半には次の発育ステージの体表面が透けて見えるようになり，後ずさりするように脱皮して次の発育ステージに進む．発育は農業害ダニのハダニよりやや早く，25℃条件では 1 週間程度で発育を完了し，餌を十分に供給する飼育条件で 90% 以上の安定的な発育（生存）率を示す．ちなみに，発育ステージで短い日長を感受して冬の到来を予測し，雌成虫になってから産卵停止などの休眠態になる場合もある（Helle &

Sabelis, 1985).

　カブリダニの産卵や発育は理解しやすいものの，その生殖の実態はやや複雑である．カブリダニでは，雄が1倍体，雌が2倍体の単数倍数性の核型を示すものの，交尾なくしては未受精卵（単数）を生産することはない．ちなみに，同じような単数倍数性の核型を示すハダニでは交尾すると受精卵と未受精卵を生産し，未交尾では未受精卵のみを生産する．この場合，受精卵から雌が発生し，未受精卵から雄が発生するので，この生殖様式を産雄単為生殖（arrhenotoky）と呼ぶ．

　一方，カブリダニでは，①雌成虫は交尾をしないと産卵しない，②雌成虫は精子を受け取ることにより卵巣発育を始める，③単数体の雄に発育する卵も，当初は受精して発生を始める，④雌は2倍体として発育を完了するが，雄は胚発生の初期に（通常は）父親由来のゲノムセット（染色体）を消失して1倍体として発育を完了する（ゲノム消失），と考えられている（Toyoshima & Amano, 2012）．これらの状況証拠から，カブリダニの生殖様式を産雄単為生殖から区別するため，偽産雄単為生殖（pseudo-arrhenotoky）と呼ぶことがある（Helle & Sabelis, 1985）．現在，ショウジョウバエの性決定関連遺伝子に相同な遺伝子配列をカブリダニで探索するとともに，それら遺伝子発現の性差などを解析し，偽産雄単為生殖における性決定の遺伝的メカニズムの解明が試みられている（Pomerantz et al., 2015など）．近い将来，ゲノム消失の進化発生学的解釈の新たな展開が期待され，カブリダニ研究もその一端を担うことが可能である．

11.4　カブリダニの野外生態

　野外において，カブリダニは多様な植物上で生息し，注意深く観察することにより容易に発見できる．さらに，天敵として農業上の有用性が認識されるにつれて，農業生産現場やその周辺環境において多様な種の生息が確認され，前述のように2709もの種が報告されている（Demite et al., 2014，シノニムを含む）．

　ただ，個体サイズが小さいため，どのように行動し，どのように生活しているのかなど，野外における生態の研究は難しい．つまり，個体を識別する追跡調査はできないため，ある時間断面におけるカブリダニの野外生息状況と室内観察を組み合わせ，それらの知見から種の野外生態を推測する．特に，越冬場所や冬期における行動や生存など，越冬生態の調査事例は非常に少ない．カブリダニ製剤の利用を前提とした野外における生息生態の把握は，今後の不可欠な情報であり，

ダニのような小型生物個体の野外行動を正確に追跡するための研究手法の開発が望まれる．

11.5 カブリダニの利用

　カブリダニが天敵として最初に注目されたのは，1906年，パロットが *Metaseiulus pomi* によるサビダニの一種の密度抑制を報告したことに始まる（Chant, 1959）．引き続いて *M. pomi*（1914年）や *Phytoseiulus macropilis*（1917年）によるハダニ類の密度抑制も報告され（Gerson *et al.*, 2003），1930年代には北米各地のリンゴ園における捕食性ダニ類の調査でカブリダニに注目が集まった（Chant, 1959）．1950年代までには，その後天敵製剤となるククメリスカブリダニ，パイライカブリダニ，ファラシスカブリダニ *Neoseiulus fallacis* の研究が始まり（Chant, 1959），1957年にチリカブリダニが新種として報告されると応用研究が加速された．1970年代には，遺伝，発生，個体群生態，殺虫剤生理などの特性も解明され始め（1970年から1981年までに470報の学術論文），有力な天敵候補として23種が示された（Hoy, 1982）．

　その後，生活史特性と餌種の関係からカブリダニを4つのグループに分ける考え方が提唱され，天敵候補が整理されるようになった（McMurtry & Croft, 1997）．すなわち，餌資源をナミハダニ属のハダニに依存するチリカブリダニなどはタイプI，ナミハダニ属のハダニを餌として好むファラシスカブリダニなどはタイプII，多様なダニを捕食するパイライカブリダニなどはタイプIII，花粉や菌糸なども餌として利用するイチレツカブリダニなどはタイプIVに分けられた．形態分類学的なグループ分けに比べ，応用面を重視したグループ分けは，カブリダニ種の解説や天敵の利用場面の説明などに活用され，カブリダニの研究者だけでなくカブリダニ製剤の利用者の理解に役立っている．しかし，近年の研究進展によって多くのカブリダニ種の生活史特性が解明されると，多様で複雑な生活史特性を上記グループ分けの属性に合致させることは難しく，細分化されたカテゴリーによるグループ分けも提案されている（McMurtry *et al.*, 2013）．

　カブリダニの製剤としての商業生産は1980年代に始まり，2000年頃には18種（Gerson *et al.*, 2003），2010年には25種が世界で流通している（van Lenteren, 2012）（表11.1）．そのうち，現在，日本では前述のように4種が流通している．これらのカブリダニ製剤は，欧州で生産された製品を空輸し，注文してから2週

第11章 農業のダニ③(防除に役立つダニ)

表11.1 天敵製剤として流通したことのあるカブリダニ種

種 名[1]	2001年[2]	2012年[3]	利用開始年[4]
リモニカスカブリダニ		L	1995
Amblyseius andersoni		S	1995
Amblyseius largoensis		S	1995
ケナガカブリダニ		L	2005
スワルスキーカブリダニ		S	2005
イチレツカブリダニ		S	2000
Euseius rubini	○		
Euseius scutalis		S	1990
Euseius sp.	○		
Galendromus(*Typhlodromus*)*occidentalis*[5]	○	L	1969
オキシデンタリスカブリダニ[5]		S	1985
Galendromus annectens	○		
ディジェネランスカブリダニ	○	M	1993
Kampimodromus aberrans(1960-1990)		S	1960
ヘヤカブリダニ	○	S	1981
ミヤコカブリダニ	○	L	1985
ククメリスカブリダニ	○	L	1985
ファラシスカブリダニ	○	S	1997
Neoseiulus scyphus	○		
Neoseiulus setulus	○		
Neoseiulus wearnei		S	2000
Mesoseiulus longipes		L	1989
Phytoseiulus longipes	○	S	1990
Phytoseiulus macropilis	○	L	1980
チリカブリダニ	○	L	1968
Phytoseius finitimus		S	2000
Typhlodromips montdorensis		L	2003
Typhlodromus athiasae	○	S	1995
Typhlodromus doreenae		S	2003
Typhlodromus mcgregori	○		
バイライカブリダニ	○	S	1990
Typhlodromus rickeri	○		

1):ある場合は和名で示す.
2):2001年に販売されていた種(○印;Gerson, 2003より引用).
3):2012年当時,販売されていた種(van Lenteren, 2012より抜粋).L:流通量の多い種,M:中程度の種,S:少ない種.
4):カブリダニ種のおおよその利用開始年(van Lenteren, 2012より抜粋).
5):同種と思われる.

間程度で農家の手元に届くようになっている.ちなみに,過去にはパイライカブリダニ,ファラシスカブリダニ,オキシデンタリスカブリダニ *Galendromus occidentalis*,ディジェネランスカブリダニなどが導入されたこともある(Sato et al., 2012).これらの導入種の一部は,果樹栽培における野外利用を前提とした試験が行われたこともあるが,現在では,国内に土着種として生息するミヤコカブリダニを除き,施設内での利用に制限され,野外での定着リスクは軽減されている.一方,土着種として施設および野外での利用が模索されている種としては,ケナガカブリダニ,キイカブリダニ,ヘヤカブリダニなどがあり,商品化に向けた取り組みが進むことを期待したい.今後,導入種に加えて土着種が販売されるようになると,天敵を利用した防除体系の多様化が可能となり,薬剤抵抗性を発達させる害虫類の防除への適用がよりいっそう期待される.

カブリダニ製剤が対象とする有害生物は,ハダニ類を軸として長く進展してきた.チリカブリダニを頂点とするこれらの剤の開発が一応の成果と普及をみた現時点では,対象が他の難防除生物(アザミウマ,コナジラミ,コナダニなど)に拡大され,さらなる発展がはかられている.ククメリスカブリダニやスワルスキーカブリダニはこのようにして開発された新剤である.前述のように,カブリダニは野外では異なる食性をもつ多種多様なグループとして生存している.この特性を的確に理解することで,農業現場におけるより広範かつ持続的な活用が可能となるであろう. 〔豊島真吾・天野 洋〕

引用・参考文献

Chant, D. A. (1959) Phytoseiid mites (Acarina:Phytoseiidae). Part I. Bionomics of seven species in southeastern England. *Can. Entomol.*, **91** (supplement 12): 1-44.

Chant, D. A. (1992) Trends in the discovery of new species and adult setal patterns in the family Phytoseiidae (Acari:Gamasina), 1839-1989. *Int. J. Acarol.*, **18**: 323-363.

Chant, D. A. and McMurtry, J. A. (2003) A review of the subfamily Amblyseiinae Muma (Acari:Phytoseiidae):Part I. Neoseiulini new tribe. *Int. J. Acarol.*, **29**: 3-46.

Demite, P. R., McMurtry, J. A., and De Moraes, G. J. (2014) Phytoseiidae Database:a website for taxonomic and distributional information on phytoseiid mites (Acari). *Zootaxa*, **3795**(5): 571-577.

Di Palma, A. and Alberti G. (2001) Fine structure of the female genital system in phytoseiid mites with remarks on egg nutrimentary development, sperm access system, sperm transfer, and capitation (Acari, Gamasida, Phytoseiidae). *Exp. Appl. Acarol.*, **25**: 525-591.

江原昭三・後藤哲雄 (2009)「原色植物ダニ検索図鑑」. 349p., 全国農村教育協会, 東京.

Gerson, U., Smiley, R. L. and Ochoa, R. (2003) *Mites (Acari) for Pest Control*. 539p., Blackwell Science, Oxford.

Helle, W. and Sabelis, M. W. (1985) *Spider Mites, Their Biology, Natural Enemies and Control*, Vol.1B. 458p., Elsevier, Amsterdam.

Hoy, M. A. (1982) *Recent Advances in Knowledge of the Phytoseiidae*. 92p., Agricultural Science Publications, California.

McMurtry, J. A. and Croft, B. A. (1997) Life-styles of phytoseiid mites and their roles in biological control. *Ann. Rev. Entomol.*, **42**: 291-321.

McMurtry, J. A., De Moraes, G. J. and Sourassou, N. F. (2013) Revision of the lifestyles of phytoseiid mites (Acari: Phytoseiidae) and implications for biological control strategies. *Syst. Appl. Acarol.*, **18**: 297-320.

Okassa, M., Tixier, M. S. and Kreiter, S. (2010) Morphological and molecular diagnostics of *Phytoseiulus persimilis* and *Phytoseiulus macropilis* (Acari: Phytoseiidae). *Exp. Appl. Acarol.*, **52**: 291-303.

Pomerantz, A. F., Hoy, M. A. (2015) Expression analysis of *Drosophila doublesex, transformer-2, intersex, fruitless-like*, and *vitellogenin* homologs in the parahaploid predator *Metaseiulus occidentalis* (Chelicerata: Acari: Phytoseiidae). *Exp. Appl. Acarol.*, **65**: 1-16.

Sato, Y., Mochizuki, M. and Mochizuki, A. (2012) Introduction of non-native predatory mites for pest control and its risk assessment in Japan. *JARQ*, **46**: 129-137.

Tixier, M. S. *et al.* (2010) Voucher specimens for DNA sequences of phytoseiid mites (Acari: Mesostigmata). *Acarologia*, **50**: 487-494.

Toyoshima, S. and Amano, H. (2012) Presumed paternal genome loss during embryogenesis of predatory phytoseiid mites. In: *Embryogenesis* (Sato, K. ed), pp.619-636, InTech, Croatia. (http://www.intechopen.com/books/embryogenesis/)

豊島真吾・岸本英成・天野 洋 (2013) 土着カブリダニ類の簡易式別と今後の展望. 植物防疫, **8**: 450-454.

van Lenteren, J. C. (2012) The state of commercial augmentative biological control: plenty of natural enemies, but a frustrating lack of uptake. *BioControl*, **57**: 1-20.

Column 8　さまざまなハダニの天敵類

　ハダニの天敵類としてはカブリダニ類に加えて，甲虫目のダニヒメテントウ類やケシハネカクシ類，アザミウマ目のハダニアザミウマ，ハエ目のハダニタマバエといった体長 1 mm 前後の多彩な昆虫類が知られる．摂食様式も各天敵で個性的であり，餌として卵殻の固いミカンハダニ卵を与えてみると…

・かぶりつき：　カブリダニの仲間は，口にある鋏角というはさみ状の器官で卵殻にかじりついて破壊したのち，中身を吸い取る．食べられた卵殻には，破壊孔が1つ空けられる．

・洗い流し：　ケシハネカクシ類の 1 種ヒメハダニカブリケシハネカクシの幼虫は1 対の大あごで噛み付いて殻を突き破る．大あごの先端から中身を吸汁するが，その際，いったん吸い込んだ胃の内容物を吐き戻し，卵の内部を洗うようにして吸い尽くす．卵殻には 2 個の大きめの穴が空けられる（図上段）．

・しつこく：　ハダニアザミウマは針状の口を卵殻に突き刺して吸汁するが，中身を吸い尽くすまで場所を変えて何度も突き刺す．卵殻にはときとして20 個以上の小さな穴が空けられる（図下段）．

　天敵類を生物的防除に利用する際，各天敵が実際に野外でどの程度害虫を捕食し，密度抑制に貢献したかを評価する必要がある．ハダニの天敵類はいずれも微小で野外調査が困難であるが，特徴的な摂食様式のおかげで，野外でハダニがどの天敵に食べられたかが特定可能で，各天敵のハダニ密度抑制における貢献度を評価できる．　　　　　　　　（岸本英成）

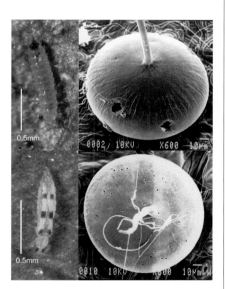

図　ヒメハダニカブリケシハネカクシ幼虫（上左）に捕食されたミカンハダニ卵（上右）およびハダニアザミウマ成虫（下左）に捕食されたミカンハダニ卵（下右）（SEM 写真は Kishimoto & Takagi, 2001 を改変）

引用・参考文献

Kishimoto, H. and Takagi, K.（2001）Evaluation of predation on *Panonychus citri* (McGregor)（Acari：Tetranychidae）from feeding traces on eggs. *Appl. Entomol. Zool.*, **36**：91-95.

Column 9　ハダニとカブリダニの攻防 ―"脇役"アリの意外な役割―

ハダニは新しい農薬にすぐに耐性をつけるので，捕食者にハダニを抑えさせる生物的防除が注目されている．ハダニは外敵から身を守るために，葉の表面に張った網の中で暮らす．この網に侵入してハダニを襲うカブリダニは生物的防除の切り札とされるが，ハダニもさるもので，侵入したカブリダニに気づくと網から逃げるため，カブリダニがハダニの被害を拡散させる場合もある（Otsuki & Yano, 2014a）．

京都大学の大槻初音氏は，どこにでもいるアリがカブリダニによるハダニの制御を左右すると考えた．これまではアリがダニを捕食するのを確かめる方法がなかったが，大槻氏らはケナガカブリダニ，アミメアリ，その両方がいる人工生態系にカンザワハダニを同居させた．ハダニはアリに対しては網に籠もり（図左），網に侵入

図　ハダニとカブリダニ，アリの関係（大槻・矢野，2014を改変）

するカブリダニに対しては網を出て（図右）難を逃れたが，この相容れない対処法は両捕食者がいる場合に破綻し，網を出たハダニがアリに捕食され（図下），ハダニの拡散が抑えられた（Otsuki & Yano, 2014a, b）．ハダニが網を出る方を選んだのは，網にとどまって目前のカブリダニに確実に殺されるよりはましだからだろう．一方で，ハダニの網に侵入したカブリダニは，網に守られてアリに捕食されなかった．

　この結果は，ダニと無関係と思われていたアリが，カブリダニが逃がしたハダニを始末してハダニを制御することを示す．ハダニとの戦いに勝つためには，アリをむやみに敵視せず，彼らの役割を理解して手なづけるのが得策だろう．（矢野修一）

引用・参考文献

Otsuki, H., and Yano, S. (2014a) Potential lethal and non-lethal effects of predators on dispersal of spider mites. *Exp. Appl. Acarol.*, **64**：265-275.
Otsuki, H., and Yano, S. (2014b) Functionally different predators break down antipredator defenses of spider mites. *Entomol. Exp. Appl.*, **151**：27-33.
大槻初音・矢野修一（2014）アリがハダニの生物的防除を左右する可能性．植物防疫，**68**：549-552.

第 12 章
ダニとの共存

12.1 ダニのいない環境はあるか？

 ダニが嫌いで，ダニを気にする人たちにとっては，何とかしてダニを退治してダニのいない環境を作りたいと願うだろう．それは可能だろうか．まず，人家や会社など人が生活する建造物の中の話に限り，ダニも吸血性のイエダニやワクモ（これはクモではなくダニの仲間）に限るならば，それらを完全に駆除することは可能であろう．なぜなら，イエダニはもともとヒトではなくネズミの寄生虫，ワクモもニワトリやツバメなどの鳥が本来の宿主であるから，ネズミを駆除し，鳥小屋やのき下の巣に殺虫剤をまけばよい．

 しかし，それ以外の住居性のダニとなると，完全にいなくなるようにするのはかなり困難である．台所の貯蔵食品に発生するコナダニ類の駆除は，食べ物相手であるので，やたらに薬品を使うわけにはいかない．コナダニが発生しないような清潔で乾燥した置き場所や密閉された容器が必要になるが，ふだん調理をしながら長期にわたって使用する食品・調味料の管理は，なかなかに難しい．コナダニ類の多くは高熱に弱く，60℃の温度に1分間さらされると死滅することがわかっているが，ダニが大好きなチーズなどを普段から高温に保っておくわけにはいかない．では，低温には弱いだろうか．コナダニがわいてしまった食品を冷蔵庫の中に入れると，ダニは繁殖しなくなるが，死ぬことはない．食品を常温に戻せば，たちまちに大繁殖を始める．冷蔵庫ではなく冷凍庫の中に入れれば，ダニは死滅する．といっても，部屋中を−20℃にすれば，人も生きていきにくい．

 居間や寝室の中に生息するダニのなかには，台所の食品からはい出してきたコナダニのほか，ヒトのふけなどを餌とするチリダニ（ヒョウヒダニ）がいて，いくら掃除機をかけたところで，掃除機の届かない場所に居残ってしまう．畳はコ

ナダニ類にとってよい生息場所である．特に，新しい畳（防虫処理をしていないもの）はダニに好まれる．一般に誤解されているが，コナダニもチリダニもヒトの皮膚を刺すことはなく，かゆみの原因にはならない．ヒトを刺すのは，これらを食べるツメダニである．チリダニを放置しておくと捕食性のツメダニが増えるのである．

ましてや，野外に生息するダニとなると，もはや駆除はお手上げである．最近問題になっているマダニ類は野外に広く生息し，北海道から沖縄までの山地，草原（特にササやぶ），牧場に多くみられる．マダニが媒介する重症熱性血小板症候群（長たらしい病名なのでSFTSと略称する）が蔓延したからといって，野外のマダニをすべて駆除するなどということは到底不可能な話である．刺されないように，人間の方で注意するしかない．自然界には，マダニのような吸血性の寄生虫のほかに，農作物に害を与えるハダニやフシダニがいる．農家では大きな費用を投じてこれらの害ダニを駆除する努力を行っているが，クモの子のように糸を出して空中を漂ってやってくるハダニには手を焼いている．

忘れてはならないのは，自然界のダニで人間にとって害をなすものはきわめて一部であって，ダニ全体からみればその90％以上が人間にとって無害な種だということである．無害どころか，ササラダニ類などは自然の生態系のなかにあって動植物の遺体を分解処理してくれるという大切な役割を果たしていることを知ってほしい．したがって，この地球上からダニを抹殺するなどは間違った考えであるし，また無意味なことなのである．

結局何を言いたいかというと，この地球上はダニに満ちており，ダニだらけなのである．その点ではダニは昆虫に匹敵し，どんな環境にも生息する．陸地の山や平野ばかりでなく，河川や湖沼や洞穴の水中にもミズダニが生息し，温泉の中にすらオンセンダニ *Trichothyas japonica* が発見され（図12.1），極寒の南極にも寒さにめっぽう強いオングルトビダニ *Nanorchestes antarcticus* が生息している．しいてあげれば，ダニがまったくすめない場所は現在もなお噴火を続けている火山の噴火口の中くらいであろう．私たちヒトはダニに囲まれて，ダニとともに暮らしていくより仕方なく，それが自然なことだということである．

図12.1 新潟県の40℃の温泉に生息していたオンセンダニ（Uchida & Imamura, 1953を改変）．

12.2 動物の巣とヒトの家のダニ

　地下何 m にも達するアリの巣穴の中をのぞいたことがあるだろうか．女王のいる部屋，子育てをする部屋，食糧を蓄える部屋，それらをつなぐ通路にはたくさんの働きアリが行き交っている．そのなかに，どう見てもアリではない生物が混じっていることがある．それらは好蟻性動物と呼ばれ，アリの巣穴の中にすみ込んでいる同居人である．そのなかにはアリスシミのようにアリの食物を奪ったり，ある種のハネカクシ科甲虫のようにアリの卵や幼虫を食べたりしてアリから攻撃されるものもあれば，逆にある種のハネカクシやアリヅカムシのように体から甘い蜜を分泌してアリになめさせ，アリから歓迎を受ける蟻客と呼ばれる生物もいる．ダニのなかにも，アリのコロニーと密接な関係をもつものがいる．イトダニ科 Uropodidae のアリイトダニ属 *Oplitis* のダニやダルマダニ科 Pachylaelapidae のダニはアリの巣中に普通にみられるが，アリはたいして関心を払わない．おそらくは巣の中の菌類の胞子や菌糸を食べており，掃除屋の役目をしていると思われる．また，ムシノリダニ科 Antennophoridae のアリダニ属 *Antennophorus* のダニはアリの体に付着して生活し，触角のように長い第1脚でアリの体を叩いたり，くすぐったりして食物を反吐させ，それをなめている．

　さらに衝撃的な発見が香川大学の伊藤文紀氏（発見当時は北海道大学に在籍）によってなされた．アリの研究者である伊藤氏はインドネシアのボゴールに滞在していたが，カドフシアリの仲間の巣の中に奇妙な生物を発見した．それはどうもダニらしいということで，標本が筆者のもとに送られてきた．さっそく顕微鏡で観察すると，私の専門であるササラダニの一種らしい．しかし，体がぶよぶよと柔らかく，風船のように膨らんでおり，今までに見たこともないダニであった（図 12.2）．詳しく研究した結果，私はこのダニが今までに知られているどの科にも入れることができず，新しい科に属する新種であると断定した．新たにつけた学名は，駄洒落のように聞こえるかもしれないが，新科の名を Ari（アリ）にちなんで Aribatidae，新種の名を *Aribates javensis* Aoki, Takaku & Ito, 1994 とした．さらに私を驚かせたのは，生殖吸盤が2対しかなく（成虫では3対），どうみても第2若虫である．しかし，体内にはどの個体にも大きな卵が入っているではないか！　若虫でありながら卵を産むというのはどういうことか．私の頭をすぐによぎったのは，「幼形成熟」（ネオテニー）という言葉であった．この不思

図 12.2　インドネシアのアリの巣穴でアリと共生するササラダニの一種 *Aribates javensis* Aoki, Takaku & Ito（左：背面；右：側面）(Aoki *et al.*, 1994)

議な現象は生物界ではときに起こり，尾をもったカエルの幼形のまま産卵するイモリ，うじむし（幼虫）の形のまま性成熟するミノガのメス（ミノムシ）も，幼形成熟の例と考えられる．

　それはさておき，このダニはアリの巣の中でどんな生活をしているのだろうか．伊藤氏のその後の研究でわかったことは，多くの研究者を驚かせるものであった．このダニはアリの巣の中でほとんど歩くことをせず，だいたいずっとゴロゴロと寝ころんでいて，アリが運んできた餌を食べている．産卵するときにも，卵を引っ張り出してくれるなど，アリが手助けする．また，巣が破壊されたときには，アリは自分たちの卵や幼虫，蛹よりも先に，このダニをくわえて避難させるという．つまり，アリによって大切に扱われている客人（まさしく蟻客）なのである．では，なぜアリはこのダニを大切に養っているのだろうか．その答えは，聞く者をぞっとさせるものであった．いよいよ食料がなくなってきたとき，アリはこのダニを食べるのである！　つまり，「保存食」というか，アリの「家畜」だったのである．私たちがウシやブタを家畜として飼うようになるよりもずっと以前から，このカドフシアリの一種は家畜としてダニを飼っていたことになる．これら次々と判明した興味深い研究結果を，伊藤氏は高久元氏（本書の編者の一人）との共著論文にして世界的に有名な科学雑誌であるドイツの *Naturwissenschaften* に投稿した．すると，何日か経ってこの論文は返送されてきた．その理由は採択拒否ではなく，「こんな興味深い内容はこれでは短すぎる．もっと詳しく書いてほしい」というものであったという (Ito & Takaku, 1994)．

　アリと共生するダニの話を少し長くしすぎたが，モグラやネズミの巣穴のなかにも多くのダニがすみついていることがわかっている．これらはまとめて「巣穴群集」と呼ばれている．鳥の巣の中にも何種類ものダニがいて，親鳥が産卵したころから，幼鳥の巣立ちの後にかけてダニの種類も移り変わっていくらしい．こ

れらのダニには，宿主から吸血するもののほか，宿主の糞を餌とするもの，食べ物の残りを食べているもの，巣内のカビなどを食べて掃除しているものなど，さまざまなものが含まれている．要するに，動物の巣には，「その家の主人」のほかに，必ず「客人」が同居しており，その客人には歓迎すべき客，迷惑な客，どうでもいい客が含まれているのである．

　さて，このようなことを念頭に置いて，人間の住居を眺めてみよう．人間の住まいはいってみれば，ヒトという生物の巣である．上に述べた生物界の原則からすれば，家の中にはヒトのほかに何らかの生物が共存していることは至極当然なことになる．人間は自分で購入した（あるいは借りた）家は自分たちだけが住むべき場所であって，他の生物の同居は許さないというかもしれないが，どっこい，そうはいかないのである．天井裏にはネズミがすみつき，そのネズミの体や巣にはイエダニがおり，壁や天井をゲジゲジやアシダカグモがはいずり回り，室内にはハエやカが飛び回り，台所の貯蔵食品や畳にはコナダニが発生し，絨毯や床の塵の中にはチリダニがすむ．これらは家主の人間にとっては迷惑な生物であるが，人間を殺しはしない．共生生物の掟として，相手を殺してしまっては自分も死ぬ運命にあるからである．したがって，ヒトという生物の巣（住居）にダニがすみついていることは至極当然のことであって，たいへんなことでもなく，大騒ぎすることでもないはずである．ただし，それが増えすぎて家主に迷惑がかかるようになることは防ぐ必要があるということである．

　考えてみれば，この地球上に生物がまったくすめない場所と2種類以上の生物が共存している場所はあるが，1種類だけの生物しかすんでいない場所というのは絶対にあり得ない，ということに気づく必要がある．

12.3　本物の「街のダニ」

　今までは家の中の話であったが，家の外，つまり私たちの住居や仕事をする建造物の外，街の中にも都市生物といわれるさまざまな生物がすみついている．街路樹や公園の植物は人間が植え込んだものであるが，動物の大部分は勝手に入り込んできたものである．自然豊かな環境に比べれば，人工物で満たされた都市などは生物にとって最もすみにくい環境であるはずなのだが，わざわざ好き好んで入り込んでくるものがあるのは面白い．

　都市生物を筆者は5つのカテゴリーに分類している（図12.3；青木，2000）．

12.3 本物の「街のダニ」

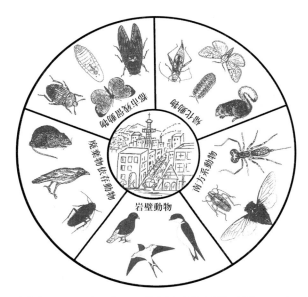

図 12.3 5つのカテゴリーに分けられた都市動物（青木, 2000）

①自然界に生息する動物のうち，環境適応力が強く，都市化が進んで環境が劣化しても生き残っていける「都市残留動物」（アブラゼミ，モンキチョウ，オオヒラタシデムシ，カイガラムシなど），②人間が出す生ごみなどの廃棄物に依存して生きていく「廃棄物依存動物」（ハシブトガラス，ドブネズミ，ゴキブリなど），③ヒートアイランド現象などによる都市の温度上昇によって生息が可能になった，本来南の方に生息していた「南方系動物」（クマゼミ，チャバネゴキブリ，サソリモドキなど），④在来動物がすみにくい都市の生息場所の隙間を狙って外国から入り込んできた「帰化動物」（アメリカシロヒトリ，オカダンゴムシ，タイワンリス，アオマツムシなど），⑤本来は岩場や岩壁などをすみかとするものが都市の建造物をそれと勘違いしてすみついてきた「岩壁動物」（イワツバメ，ドバトなど），である.

このようにして街の中で見かける動物や虫たちを眺めてみると，それぞれにすみつく経緯があって，そのうちのどれにあたるかを考えながら歩くのも面白くなってくる.

このなかで，特に私が関心を示すのは，最後にあげた「岩壁動物」である．そのきっかけは東京の渋谷にあるデパートの屋上にあった．その日は好天であった

図12.4 東京渋谷のデパートの屋上床のタイルの隙間に生じたコケ（上）とそこに生息するシワイボダニ Scutovertex japonicus Aoki（下）（青木，2000）

し，普段忙しい私にも少しだけ時間の余裕があったので，屋上に上がってみた．床は一面にタイルが敷きつめてあって，その隙間にたまったわずかな土にコケが生えていた．それまで日本全国の土壌サンプルを採取して，その中からササラダニ類を分離して調べていた私は，デパートの屋上のわずかな土にも興味をもった．おそらくは最悪の環境のこの土壌に，ダニはすんでいるだろうか，またいるとしたらどんなダニだろうか．サンプリングの用意をしていなかった私はカバンの中にあったハサミでタイルの隙間からコケと土をこそぎとり，紙に包んで持ち帰った．さっそくツルグレン装置にかけてみると，意外なことに見たこともないササラダニが数匹見つかった．調べてみると，ヨーロッパの石灰岩地帯に分布し日本からは未記録の Scutovertex という属のササラダニであることがわかり，後に新種シワイボダニ Scutovertex japonicus Aoki, 2000 として発表した（青木，2000）．このシワイボダニは今までの 40 年近い日本全国の調査でも見つからず，今回デパートの屋上というとんでもない場所で初めて発見されたのである．そこで地方へ出かけるたびにデパートの屋上へ上がってコケと微量な土を採取してみると，仙台，水戸，東京，千葉，横浜，静岡，名古屋，京都，大阪，神戸，岡山，広島，徳島，福岡，佐賀，鹿児島，那覇の 17 都市のデパートやビルの屋上からシワイボダニが発見された．最も興味深いことは，シワイボダニはもっと緑の多い公園緑地などにはすんでおらず，ましてや郊外の雑木林や深い木立に覆われた神社林にも生息していない．わざわざ夏の昼間は 50℃以上の温度に達し，晴天が続けばカラカラに乾燥し，雨天が続けばびしょぬれになる過酷な環境にすみついているのである．もともとデパートの屋上に住みついていたダニなどいるはずがなく，自然界のなかに本来のすみかがあるに違いない．それは岩場，断崖，岩壁などであろう．そのような環境に適応したシワイボダニは，人間が作った都市のコンクリ

ート建造物を岩壁とみなしてすみついたと思われる．今後，今まで調べていない自然の岩壁からこのダニが見つかった際に，私のこの仮説が証明されるであろう．

　自然界には生息せずに，今のところ都市の中にだけ住むダニ．これぞまさに本物の「街のダニ」であろう．
（青木淳一）

引用・参考文献

青木淳一（2000）「都市化とダニ」．188p., 東海大学出版会，東京．
Aoki, J., Takaku, G. and Ito, F. (1994) Aribatidae, a new myrmecophilous oribatid mite family from Java. *Int. J. Acarol.*, **20**: 3-10.
Ito, F. and Takaku, G. (1994) Obligate myrmecophily in an oribatid mite. *Naturwissenschaften*, **81**: 180-182.
Uchida, T. and Imamura, T. (1953) Some new water-motesfrom Japan. *J. Fac. Sci. Hokkaido Univ. Ser.4 Zool.*, **11**: 515-524.

Column 10　ダニ学の可能性

　ダニはじつに興味深い生物である．4億年もの昔からこの地球上に生息し，繁栄を続けてきた．身体1つに脚が8本という基本形は何も変わらず，身体の大きさもせいぜい1cmが最大級で，ほとんどがマイクロメーターの範囲という微小なもの．この小さな身体で何千何万という種に分化し，この地球上のありとあらゆる環境に適応して，文字どおり蔓延（はびこ）っている．特筆すべきは，陸域のみならず，海中にまで進出していることであり，その点では，地球上で最も繁栄している節足動物とされる昆虫を凌駕しているといっていい．

　これだけの長い進化の歴史をもち，これだけ地球上に広く分布しているということは，ダニがいかにこの地球環境および生態系にとってなくてはならない生物であるかを示しており，同時に，地球環境に大きくかかわる存在となっているわれわれ人間にとっても最も密接な関係をもつ生物であることを意味する．

　しかし，ダニという生物に対する理解は，一般にも，また専門家の間でも，まだ浅く，未解明な部分の方が圧倒的に多い．その最大の理由は，ダニという生物を専門とする研究者の数がとても少ないからである．

　本書にも解説されているが，一部のダニは，人間社会にとって深刻な問題をもたらす存在となっている．吸血性のマダニは，さまざまな感染症を媒介し，最近では

SFTSという新しいマダニ媒介性感染症ウィルスによる患者の増加が話題になった．マダニは本来，自然林に生息する野生動物に寄生しており，人間が日常生活において遭遇することはめったにない．しかし，近年の山林開発，里山の崩壊，外来動物の分布拡大，宅地・都市部における緑化など，野生動物をとりまく環境の変化が人間と野生動物の境界線を崩し，野生動物が人間社会に進出していることが，寄生生物であるマダニおよびその体内に寄生する病原体を人間の身近な環境へ侵入させていると考えられる．

屋内性塵ダニのヒョウヒダニによるアレルギー疾患も人間にとっては深刻な健康問題であるが，人間の住環境が密閉型で年中温暖になるとともに，核家族化・夫婦共働きなど，生活様式の変化が屋内の埃やカビの蓄積をもたらし，ダニの異常繁殖に結びついている．

農業場面では，ハダニが重要害虫として深刻な被害をもたらしているが，ハダニは自然界ではほとんどみることができないほど生息密度が低い．そんなダニの大発生を招いているのは，農作物の集中的栽培と農薬散布という現代農業の耕作手法である．

そして人間社会のグローバリゼーションは，ダニの外来種問題を引き起こしている．貿易の自由化の波はハダニ類を植物防疫法の検疫対象から除外させ，農業用昆虫セイヨウミツバチやセイヨウオオマルハナバチの国際移送は，寄生性ダニであるミツバチヘギイタダニやマルハナバチポリプダニの世界的蔓延をもたらした．

このように人間とのかかわりを通じて異常に増えて人間に害をもたらすダニもいれば，逆に地球上から姿を消しているダニもいる．森林開発は膨大な数のササラダニの生息場所を奪い，海岸の汚染は海産ダニの減少をもたらすことになる．トキの絶滅とともに，その羽に特異的に寄生していたトキウモウダニも絶滅し，八丈島固有種のオカダトカゲに寄生するアサヌママダニは，外来イタチによって宿主とともに捕食され，絶滅の危機に立たされている．

4億年も地球上で繁栄して来たダニたちの進化の歴史が，今，人間とのかかわりのなかで，大きく変わろうとしている．それほどまでにわれわれ人間が環境に及ぼす影響・インパクトは甚大であり，ダニ界の異変は，じつは私たち人間の未来を左右する問題といってもいい．

ダニとの共存・共生がはかれる社会を作ることこそが，現在，環境科学でも唱われている自然共生型・持続型社会の構築を達成する道筋なのかもしれない．そう考えれば，ダニ学が担う社会的意義は重大であり，ダニ学の現状はあまりに未熟であるといわざるをえない．現存するダニの姿形，有害性，有用性を語るだけではなく，その生活史，生物地理，宿主との共進化，起源，そして地球環境における役割・機能の解明など，ダニ学が果たすべき研究課題はいまだ山積しており，また，それだ

Column 10　ダニ学の可能性

けダニ学は，未知なる発見が秘められた魅力ある学問でもあるのだ．

　研究者となる道へ臨む若い人たちにとって，ダニ学が魅力と意義に満ちたものとして映り，ダニ学を志そうと思うきっかけとして本書が役立つことを，ダニ学の一員として切に願う．

（五箇公一）

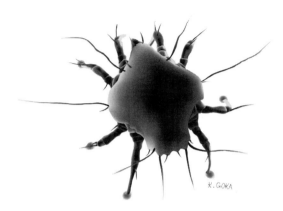

図　筆者作画のダニアート
これはクワガタムシの背中に特異的に寄生するコナダニの1種クワガタナカセのコンピュータ・グラフィックである．筆者は，アートでダニの造形美を表現して，ダニ学（ワールド）の普及啓発を目指している．ちなみに，このクワガタナカセのCGアートは天皇陛下・皇后陛下にも献上させていただいたことがあり，作者の生涯の誉れとなっている．

むすび

　日本で最初のダニ学の専門家向けの教科書は，1965 年刊行の内田　亨序文・佐々　学編集による『ダニ類―その分類・生態・防除』（東京大学出版会）である．すべてのダニを網羅し，採集法などにも詳細に解説を加えているという点において，本書は日本ダニ学の基礎であるといってよいだろう．内田先生の序文には，こう書かれている．「大正 9 年に私が東京大学の動物学科に入学したころ，わが国のダニ類の研究は実に少なかった．長与又郎・奥村多忠両氏らのツツガムシの研究があり，甘利進一氏のシラミダニの研究があった…（中略）…ただ，その当時，東大の動物学教室に先輩の岸田久吉氏がいて，ダニ類一般についてひろい知識をもっており，時にふれて，その一端を発表していた．」そして，「日本のダニ類研究者も次第に多くなってきている」と添えられている．岸田久吉氏は日本のダニ類（クモから哺乳類まで論文がある）の分類において先駆的役割をした人物である．

　翌 1966 年に刊行された内田　亨監修『動物系統分類学 7（中 A）』（中山書店）のなかの第 4 目「ダニ類（Acarina）」（pp.139-194，江原昭三執筆）は，ダニという生物を動物系統分類学から詳細にかつ簡潔に解説したバイブルとして，いまだにこれを超える日本語の解説は見当たらない．また，本書と同じ題名を冠する青木淳一著『ダニの話―よみもの動物記』（北隆館）は，その 2 年後（1968 年）に出版されている．

　『ダニ類』のほぼ 10 年後（1977 年）に出版された，佐々　学・青木淳一編『ダニ学の進歩―その医学・農学・獣医学・生物学にわたる展望』（図鑑の北隆館）は，まさしく当時の勢い盛んなダニ学の進歩を表していた．この 10 年間は，1973 年にダニ類研究会が設立されたように，日本のダニ学者が群雄割拠した時代だったのだ．同時代の文献からは，優秀なダニ学者が，文字通りダニという未知の巨大な生物群（現在，世界で記載された種は約 5 万 5000．クモ類は約 4 万 5000 種）に「よってたかって」，片っ端からさまざまな研究分野を切り拓いていったようすが見て取れる．

　そして 1980 年，江原昭三編『日本ダニ類図鑑』（全国農村教育協会）が出版される．ダニ類全体を見渡せるのは，現在でも本書が唯一の図鑑だ．

　さらにその約 10 年後には，江原昭三『ダニのはなし―生態から防除まで（1），（2）』（技報堂出版，1990）の 2 冊に加えて，江原昭三・高田伸弘編『ダニと病気のはなし』（技報堂出版，1992），青木淳一著『ダニにまつわる話』（筑摩書房，1996）が出版されている．この 4 冊は，ダニ類の網羅的な入門読み物として，多くの方々がお世話になったと思われる．

その後，2001年に出版された青木淳一編『ダニの生物学』（東京大学出版会）は，日本におけるダニ学の隆盛の証拠ともいえる金字塔を打ち立てた．
　これらを並べてみると，ほぼ10年おきに，ダニ類の教科書が出版されてきたことがわかる．もちろん，それぞれのダニ，個別の分野については，さまざまな重要な本が出版されているのであるが，ダニ類全体をまとめる本は，ほぼこのペースであった．
　本書は，『ダニの生物学』から数えて，正確には15年後に位置する．本書は一般市民やこれからダニ学を学ぶ学生に向けて，わかりやすくダニ学を解きながらも，最新の情報を入れることを目指した．
　江原編『ダニのはなし─生態から防除まで』は読み物として，広く一般市民にダニを理解してもらうにはとてもよくできている．情報も今でも参考にしなければならないものがたくさんある．しかしながら，体系だったダニ学の教科書ではなかった．当時学生としてまだダニ学を学び始めたばかりであった私達は，日本ダニ学を俯瞰する教科書がなぜないのか，不思議でならなかった．昆虫とダニの区別がようやくついたような学生には，『ダニ類』は難しすぎたのだ．
　このようなわけで，ダニ類全体を俯瞰し，かつ，ダニについて知識をまんべんなく散りばめた，本当の意味での初心者向けの教科書を作ることを目標にした．ダニに関する正しい知識を広く紹介する入門書としたかったのである．
　初心者にわかりやすいよう，副題にもある「人間との関わり」を話題の中心に据えた．さらに，現在，ダニについてどのような研究がなされているのか，わかっていることが何か，わからないことが何なのか．次世代の研究者へのヒントも散りばめるように，執筆者にはお願いをさせていただいた．
　本文の執筆は，日本ダニ学のそれぞれの分野の先端を走っている，信頼のおける優秀な研究者にお願いできた．皆さん，勝手なお願いを聞き入れてくださり，至極の玉稿がそろった．なんと幸せなことだろう．
　正直，作り出してみると，ダニ学の奥は深く，執筆者の知識を網羅しようとすると，とんでもない大冊になりそうだった．涙をのんで，執筆者の原稿を短くしてもらうことも，しばしばあった．しかし，校正原稿を読みながら，大感激をしてしまった．それぞれの執筆者の原稿から，「ダニ学への喜び」が，ふつふつと沸き上がってくるのである．これこそが研究の面白さであり，ダニ学の価値だ．
　この分野に身を置いて，本当に良かったと実感した．ダニのことなど知らないという読者にも，ぜひ，それが伝わることを願ってやまない．あらためて，ご執筆者の先生方には，心よりの感謝を申し上げたい．

2015年12月

島野智之・高久　元

付録：ダニ学の教科書・参考書

(島野智之・高久　元)

【ダニ学（日本語）】

佐々　学編（1965）「ダニ類―その分類・生態・防除」，486p., 東京大学出版会.
　※日本最初のダニ類の教科書．すべてのダニを網羅し，採集法などにも詳細に解説を加えているという点において，本書は今でも日本ダニ学の金字塔である．

佐々　学・青木淳一編（1977）「ダニ学の進歩―その医学・農学・獣医学・生物学にわたる展望」，602p., 図鑑の北隆館.
　※「ダニ類」から約10年後に出版されたダニ類の教科書．各亜目の分類についても詳しく書かれている．

佐々　学編著（1984）「ダニとその駆除（害虫駆除シリーズ2）」，175p., 日本環境衛生センター.
　※古本でなければ手に入らないが，日本ダニ学の創設者の1人である佐々先生のダニ学概説で，まとまりもよい．

佐々　学（1956）「恙虫と恙虫病」，500p., 医学書院.
　※この時代までの日本のツツガムシとツツガムシ病研究をまとめ，また，研究を始める礎として書かれた大冊．

佐々　学（1959）「日本の風土病」，328p., 法政大学出版局.
　※ツツガムシ病，フィラリア，マラリア，日本住血吸虫，サナダムシ，線虫病など．この時代まで残っていた日本のすさまじい風土病と，著者の海軍の軍医経験を語る．ツツガムシ研究の記述は具体的で引き込まれるので必見．

高田伸弘（1992）「病原ダニ類図譜」，216p., 金芳堂.
　※人体寄生性，または病原に関わるダニ学（衛生動物学，寄生虫学）には欠かせない教科書．

宮村定男（1988）「恙虫病研究夜話」，185p., 考古堂書店.
　※世界に先駆けた本邦のツツガムシ研究の壮絶な競争に息をのむ．

SADI組織委員会編（1994）「ダニと疾患のインターフェース」，179p., YUKI書房.

SADI組織委員会編（2007）「ダニと新興再興感染症」，296p., 全国農村教育協会.

江原昭三（1966）第4目　ダニ類（Acarina）．「動物系統分類学7（中）A」（内田　亨監修），p.139-194, 中山書店.

江原昭三（2000）クモ形類（Arachnida）・ダニ類（Acari）．「動物系統分類学（追補版）」（山田真弓監修），p.214-220, 中山書店.
　※ダニ類の分類・系統を知るうえで重要な2冊．

江原昭三編（1980）「日本ダニ類図鑑」，562p., 全国農村教育協会.
　※日本唯一のまとまったダニ図鑑．p.491-510のダニ概説（江原昭三）では，分類体系，採集方法，標本作成方法など，ダニ学の基礎を学ぶことができる．

江原昭三編著（1990）「ダニのはなし―生態から防除まで（1）」，229p.，技報堂出版．
江原昭三編著（1990）「ダニのはなし―生態から防除まで（2）」，223p.，技報堂出版．
江原昭三・髙田伸弘編著（1992）「ダニと病気のはなし」，214p.，技報堂出版．
　※以上3点は，近現代のダニ学のおもに生態や応用分野についての教科書ともいえるもの．さまざまなダニが網羅されており，日本におけるダニ学の広がりがわかる．
江原昭三・真梶徳純編（1996）「植物ダニ学」，419p.，全国農村教育協会．
江原昭三・後藤哲雄編（2009）「原色植物ダニ検索図鑑」，349p.，全国農村教育協会．
　※植物寄生性ダニ，ダニによるダニの防除，植物に関係するダニなど，農業現場が中心の重要な教科書と図鑑（後藤先生は本書9章の執筆者）．
吉川　翠ほか（1989）「住まいQ&A ダニ・カビ・結露」，252p.，井上書院．
　※具体的対策が豊富．吉川先生（本書8章の執筆者）は他にも多くの類書を著されている．
髙岡正敏（2013）「ダニ病学―暮らしのなかのダニ問題」，202p.，東海大学出版会．
　※被害事例を多く紹介（髙岡先生は本書4章の執筆者）．
青木淳一（1968）「ダニの話―よみもの動物記」，206p.，北隆館．
青木淳一（1996）「ダニにまつわる話」，207p.，筑摩書房．
青木淳一（2011）「むし学」，210p.，東海大学出版会．
　※ミズダニの今村泰二先生，ダニの分類学の初期に関わった岸田久吉先生，クモガタ類の日本の礎をつくった高島春雄先生・森川国康先生の逸話を読むことができる．
青木淳一編（2001）「ダニの生物学」，420p.，東京大学出版会．
　※2000年前後のダニ学の進歩のトピックを平易に取り上げてある．「ダニ学の進歩」以後の研究の進展を感じることができる．

【ダニ学（外国語）】

Krantz, G. W. and Walter, D. E.（eds.）（2009）*A Manual of Acarology, 3rd edition*, 816p., Texas Tech University Press, Texas.
　※ダニ学を目指す者にとって必携の教科書．大判で分厚いが，新しい高次分類体系，各亜目（この本では目），科への検索表が掲載されている．検索表は1つの特徴ではなく，常に複数の特徴で検索がなされるよう工夫されているので，科の特徴もつかみやすい．

Walter, D. E and Proctor, H. C.（2013）*Mites : Ecology, Evolution & Behaviour –Life at a Microscope, 2nd edition*, 494p., Springer, Dordrecht, Heidelberg, New York, and London.
　※読み物的な教科書だが，ダニ（mite）の知識が網羅されている必読の書．マダニ類（tick）にも2版で言及した．

Evans, G. O.（1992）*Principles of Acarology*, 563p., CABI, Wallingford.
　※ダニ学の教科書としてなくてはならない1冊．ダニ類の比較形態や分類について詳しく書かれているが，生態に関する情報は少ない．

Houck, M. A.（ed.）（1994）*Mites : Ecological and Evolutionary Analyses of Life-History Patterns*，357p.，Chapman & Hall，New York and London.
　※ダニ学の進化生態学の教科書として少し古いが，全体を見渡すことができる．

Wrensch D. L., Merceses A. and Ebber, M. A.（eds.）（1992）*Evolution and Diversity of Sex Ratio in Insects and Mites*，652p.，Chapman & Hall，New York and London.
　※ダニ（mite）の繁殖戦略と系統についての考察が詳しい．

Travé, J. *et al.*（1996）*Les Acariens Oribates*，110p.，Published jointly by AGAR Publishers and the Société internationale des Acarologues de Langue francaise（SIALF），Wavre, Belgique.（フランス語）
　※コンパクトにまとめられたササラダニの教科書．ササラダニの形態については，まとまった教科書がないので重宝する．現在の形態用語の体系を作り上げたGrandjean先生（フランス）のイラストが多数あるので，形態用語の勉強になる．

Hammen, L. V. D.（1980）*Glossary of Acarological Terminology Glossaire De La Terminologie Acarologique : General Terminology*，244p.，Dr.W Junk B.V. Publisher, The Hague.
　※ダニの用語について最も詳しく正確な定義づけがある．初心者は，HuntほかのCD-ROMがわかりやすい．

【土壌ダニ類の図鑑・図集】

青木淳一編著（2015）「日本産土壌動物 分類のための図解検索（第2版）」，1988p.（2分冊），東海大学出版会.
　※国内のササラダニ・ケダニなど種レベルで既知種（土壌性のみ）は網羅しており，種の検索だけではなく，最近の分類体系も知ることができる．

渡辺弘之監修，皆越ようせい著（2005）「土の中の小さな生き物ハンドブック」，75p.，文一総合出版.
　※他の図鑑は線画だが本書は実写なので，顕微鏡などで観察するときにはたいへんに便利．

Karg, W.（1993）*Raubmilben : Acari (Acarina), Milben, Parasitiformes (Anactinochaeta), Cohors Gamasina Leach*，357p.，G. Fischer.
　※トゲダニ類の分類学には必要．

Weigmann, G. and Miko, L.（2006）*Hornmilben (Oribatida)*，520p.，Goecke & Evers, Keltern.（ドイツ語）
　※ヨーロッパのササラダニ種について詳しく網羅されているので，日本の種とヨーロッパの種を比較するなどの場合に便利．

Balogh, J. and Balogh, P.（1992）*The Oribatid Mites Genera of the World*，263p.+375p.，Hungarian National Museum Pres, Budapest.（英語）
　※世界中のササラダニの属までの検索表と図集．これによって世界中のササラダニ属を知ることができる（ただし1992年執筆時点までの情報）．

Hunt, G. S. *et al.* (1998) *Oribatid Mites : Interactive Glossary of Oribatid Mites and Interactive Key to Oribatid Mites of Australia* (CD-ROM), CSIRO Publishing, Victoria.（英語）
　※形態用語は，文章による詳細な定義のほか，重要なものについては走査型電子顕微鏡像があるので非常にわかりやすい．ササラダニに関する CD-ROM だが，英語でダニを勉強するときの入門として，またダニ用語の勉強にもよい．ただし Windows の古い OS が必要．

Walter, D. E and Proctor, H. C., *Orders, Suborders and Cohorts of Mites in Soil*.
　http://keys.lucidcentral.org/keys/cpitt/public/mites/Soil% 20Mites/Index.htm
　※ソフト Lucid を用いたサーバ上の検索システム．土の中から得られるすべてのダニ類について，豊富な走査型電子顕微鏡像や線画などを見ながら検索できる．詳細なダニ類用語および形態用語が図解されている．

【学術雑誌】

Acarologia
　※ダニ学で最も古い国際学術雑誌．1959 年に André と Grandjean によって創刊された．一時期，刊行が滞ったこともあったが，近年インターネット上からのオープンアクセスの電子雑誌として発行されている（http://www1.montpellier.inra.fr/CBGP/acarologia/）．

Experimental and Applied Acarology
　※ Springer から刊行されているダニの国際誌．雑誌のタイトルから，実験や応用に関する論文しか掲載されないような印象も受けるが，それ以外の論文も掲載される．

International Journal of Acarology
　※ Taylor & Francis から刊行されている．一時期，*Acarologia* が刊行されないときは，唯一のダニ学の国際専門誌として学界を支えた．

日本ダニ学会誌
　※日本ダニ学会の学会誌で，年間 2 回発行．分類学や生態学など，あらゆるダニに関する論文が日本語と英語で掲載される．科学技術情報発信・流通総合システム（J-STAGE）からオープンアクセス（https://www.jstage.jst.go.jp/browse/acari/-char/ja/）．

索　引

欧　文

CCHF　41

DDT　128
DEET　50
Der I　115
Der II　115

hard tick　26

MGP 分析　77
mite　24

SFTS　41, 161
soft tick　26

tick　24, 26
Tsutsugamushi triangle　50

ア　行

アカツツガムシ　44, 46
アカムシ　44
アカリフォルメス（目）　16
アカリンダニ　91, 93
アシナガダニ亜目　16, 18, 20
アシナガツメダニ　6
アトピー性皮膚炎　104, 111
アナナスホコリダニ　128
アナフィラキシー　55, 111
アナプラズマ　41
アラトツツガムシ　45, 47
アリ　91, 158, 162
アリダニ　162
アルクルマ出血熱　41
アレルギー　54, 104, 111
アレルギー性鼻炎　104, 111
アレルゲン　104, 108, 111, 115

イエササラダニ　107, 109
イエダニ　4, 56, 105, 160

イエチリダニ　6
イオウ剤　68
イグサ　107
イソダニ　96
イチジクモンサビダニ　127
1 類感染症　41
イチレツカブリダニ　150, 153
イトダニ　84, 91, 162
イヌセンコウヒゼンダニ　59
イヌツメダニ　59
イノシシ　30
イベルメクチン　68
イボダニ　28
隠気門類（亜目）　16, 22

ウシオダニ　2, 95, 98
ウミノロダニ　2

栄養段階　76
越冬態　126

オオケナガコナダニ　139
屋内のダニ　103
お好み焼き粉　112
オソイダニ　107, 148
オムスク出血熱　41
オヨギダニ　95
オングルトビダニ　161
オンシツケナガコナダニ　139
オンシツヒメハダニ　126
オンセンダニ　1, 98, 161

カ　行

カイガラムシダニ　98
回帰熱　39
疥癬　62
　――の治療　67
疥癬後そう痒症　68
疥癬トンネル　63
カイソウダニ　96
外来種　130
介卵感染　37

化学畳　106
加湿器　115
カタダニ亜目　16, 21
カニムシ　11
カブリダニ　122, 148, 157
カブリダニ製剤　149, 153
カベアナタカラダニ　71, 105
環境指標生物　77
環境ダニ　70
岩壁動物　165

帰化動物　165
蟻客　162
偽産雄単為生殖　152
寄生　90
キタナギサダニ　99
キチナーゼ　75
キチマダニ　33
キノコの被害　143
キャサヌル森林病　41
吸血　28
吸着管　48
休眠　136
鋏角亜門　9
胸穴上目　17
胸穴類　17
共生　86
共生微生物　76
胸板　13
胸板上目　17
胸板類　18
キララマダニ　26
ギルド　74

グアニン　125
空気清浄器　118
ククメリスカブリダニ　148, 153
クマネズミ　5
クモ　12
クモガタ綱（クモ綱）　3, 10
クリミア-コンゴ出血熱　41
クワガタツメダニ　113

クワガタナカセ 169
グンタイアリ 90

経ステージ感染 37
経代感染 37
経卵感染 27
ケシハネカクシ 157
ケダニ 70
ケダニ亜目 16, 22
ケナガカブリダニ 150
ケナガコナダニ 6, 108, 113, 139, 143
ケナガハダニ 122
ケモチダニ 80

口下片 28, 32
好蟻性動物 162
後気門類（亜目） 16, 21
交差抵抗性 129
交接 14
コウノホシダニ 6
交尾 151
コウモリ 30
コガネムシ 89
コナダニ 5, 70, 104, 110, 145, 160
コナダニ亜目 16, 22
コナダニ団 17
コナヒョウヒダニ 6, 104
コハリダニ 122, 148
コヨリムシ 11
コロラドダニ熱 41

サ　行

ササラダニ 70, 72, 77, 90, 147, 161, 166
　　──の消化管 74
ササラダニ亜目 16, 22
サソリ 11
サソリモドキ 12
殺虫剤（殺ダニ剤） 50, 128
サトウダニ 6
ザトウムシ 10
サヤアシニクダニ 6
3宿主性 27
産雄単為生殖 152
自活性ダニ 1, 7, 70
四気門類（亜目） 16, 21

シデムシ 88
シトラール 145
シマムシ 44
雌雄異体 14
重症熱性血小板症候群 41, 161
絨毯 109
宿主動物 30
受精嚢 151
シュルツェマダニ 31, 42
ショウジョウバエ 91
食害痕 124, 126
植物ダニ 122
シラミ 39
シラミダニ 59
シワイボダニ 166
寝具 115
新興回帰熱 40
人体刺症 31
人体内ダニ症 53

巣穴群集 163
水生ダニ 95
　　──の生活史 99
垂直伝播 45, 50
スコアー法 77
スズキツツガムシ 45
スズメサシダニ 57, 105
ストーレッジマイト 55
スピロヘータ 39
スワルスキーカブリダニ 149

静止期 99, 123
生殖吸盤 14
生殖門 14
成虫 14, 123
生物の防除 129
精包 14, 46, 124
セイヨウミツバチ 94
節足動物媒介性感染症 35
節足動物門 9
セルラーゼ 75
前気門類（亜目） 16, 22
センコウヒゼンダニ 59, 69
喘息 7, 104, 111
洗濯 117

掃除機 108, 110, 117
相利共生 88

タ　行

体外受精 46
台所のダニ 110
タイヒハエダニ 91
タカサゴキララマダニ 31
タカラダニ 71, 105, 123
多気門類（亜目） 16
畳 5, 106, 112
タテツツガムシ 44, 47
ダニ亜綱 16
ダニアート 169
ダニアレルギー 54
ダニ学 167
ダニ化石 1
ダニ取りマット 117
ダニ脳炎 41
ダニの形態 13
ダニの高次分類体系 15
ダニの語源 24
ダニの食性 13, 74, 82
ダニの生活史 14
ダニ媒介性感染症 35
ダニ目 16
ダルマダニ 162
単為生殖 14, 27, 126, 152
単系統 18

地中海紅斑熱 40
チマダニ 26
虫えい 126
中気門類（亜目） 16, 21
蛛形綱 3, 9
貯穀ダニ類 55
貯蔵食品 5
チリカブリダニ 148, 153
チリダニ 6, 55, 104, 107, 109, 110, 113, 160

ツツガムシ 43
ツツガムシ皮膚炎 44, 47
つつが虫病 43
つつが虫病リケッチア 43, 48
ツメダニ 5, 104, 107, 109, 110, 113, 122, 148
ツルグレン装置 4

抵抗性 128
抵抗性遺伝子 129

索　引

ディジェネランスカブリダニ　149
ディート　50
デリーツツガムシ　45
テルペン　145
テングダニ　107, 122, 148
天敵　153

胴感杯　22
トガリネズミ　80
トゲダニ　70, 89, 148
トゲダニ亜目　16, 21
トサツツガムシ　45
都市残留動物　165
都市生物　164
土壌還元消毒　142
土壌消毒　70
　――の防除　142
ドマティア　122
トリサシダニ　57, 105
鳥の巣　57, 163
トレハラーゼ　75

ナ　行

ナガヒシダニ　122, 148
ナミハダニ　125, 138
ナミホコリダニ　104
南方系動物　165

ニキビダニ　62
ニクダニ　110, 113
ニセケナガコナダニ　139
ニセササラダニ類　18
日本紅斑熱　40
ニホンジカ　30
ニホンミツバチ　94

ネオテニー　162
ネコショウセンコウヒゼンダニ　59
ネコツメダニ　59
ネズミ　5, 30, 45, 56, 105
ネダニ　140

ノナナール　116
ノルウェー疥癬　64

ハ　行

廃棄物依存動物　165
背気門類（亜目）　21
背板　14
パイライカブリダニ　149, 153
ハエダニ　84, 90, 148
ハダニ　122, 124, 136, 138, 149, 161
　――の天敵　157
　――の防除　128
ハダニアザミウマ　157
ハマベアナタカラダニ　71
ハモリダニ　122, 148
ハラー器官（ハーレル氏器官）　28
パラシティフォルメス（目）　16
パルミチン酸　116
パンケーキ粉　111

ヒゲツツガムシ　45, 47
ヒゼンダニ　59, 62, 69
　――の生活史　63
皮膚炎　56
ヒポプス　85, 142
ヒメダニ科　26
ヒメハダニ　122, 125
ヒヤミズダニ　95, 99
ヒョウヒダニ　6, 104, 110, 160
便乗　84
便乗性ダニ類　84

ファラシスカブリダニ　153
フェニトロチオン　50
フェノトリン　68
複合抵抗性　129
腹板　14
フシダニ　122, 126, 161
腐食者　72
フトタゲチマダニ　31
フトゲツツガムシ　44, 47
フトツメダニ　6
分解者　72

ペット由来のダニ害　58
片利共生　89

ホウレンソウケナガコナダニ　139, 141
ホコリダニ　104, 107, 109, 110, 122, 127
ホソツメダニ　6
ホタテガイ　99
ホットケーキ粉　112
ホットスポット　45
ボード畳　106, 112
ボレリア　27, 39
ポワサン脳炎　41

マ　行

枕カバー　116
マダニ　26, 161
マダニ亜目　16, 21
マダニ科　26
マダニ人体刺症　31
マヨイダニ　107, 109, 110, 122, 148
ミズダニ　161
ミズノロダニ　95, 98
ミツバチ　91, 93
ミツユビナミハダニ　130
ミドリハシリダニ　122
ミヤコカブリダニ　148, 155
無気門類（亜目）　16, 22
ムクドリ　57
虫こぶ　126
虫掘り婆　47
毛氈　126
モンシデムシ　86, 88

ヤ　行

ヤイトムシ　12
ヤケヒョウヒダニ　6, 104
ヤドクガエル　147
ヤドリダニ　84, 88, 148
ヤマトカブリダニ　150
ヤマトマダニ　31

誘導多発生　129
床暖房　119

幼形成熟　162

幼虫　14, 123
ヨロイミズダニ　95

ラ　行

ライム病　38
卵胎生　60

リケッチア　27, 40, 48
リサージェンス　129
リノール酸　146
リノレン酸　146

ロッキー山紅斑熱　40
ロビンネダニ　140, 141

ワ　行

若虫　14, 84, 123
ワクモ　57, 105, 160
藻　107

編集略歴

島野　智之
しま　の　さと　し

1968 年　富山県に生まれる
1997 年　横浜国立大学大学院工学研究科博士課程 修了
現　在　法政大学自然科学センター 教授
　　　　博士（学術）

〔おもな編著書〕
『生物学辞典』〔編集協力，分担執筆〕（東京化学同人，2010 年）
『ダニの生物学』〔分担執筆〕（東京大学出版会，2001 年）
『日本産土壌動物—分類のための図解検索（第二版）』〔分担執筆〕
　　（東海大学出版部，2015 年）
『ダニ・マニア—チーズをつくるダニから巨大ダニまで—（増補改訂版）』
　　（八坂書房，2015）

高久　元
たか　く　げん

1966 年　秋田県に生まれる
1991 年　北海道大学大学院理学研究科修士課程 修了
現　在　北海道教育大学教育学部 教授
　　　　博士（理学）

〔おもな編著書〕
『日本産土壌動物—分類のための図解検索（第二版）』〔分担執筆〕
　　（東海大学出版部，2015 年）

ダニのはなし
—人間との関わり—

定価はカバーに表示

2016 年 1 月 20 日　初版第 1 刷
2016 年 3 月 30 日　　　第 2 刷

編　者　島　野　智　之
　　　　高　久　　　元
発行者　朝　倉　誠　造
発行所　株式会社　朝　倉　書　店

東京都新宿区新小川町 6-29
郵便番号　162-8707
電　話　03（3260）0141
ＦＡＸ　03（3260）0180
http://www.asakura.co.jp

〈検印省略〉

Ⓒ 2016〈無断複写・転載を禁ず〉　　　新日本印刷・渡辺製本

ISBN 978-4-254-64043-4　C 3077　　　Printed in Japan

JCOPY ＜(社)出版者著作権管理機構 委託出版物＞

本書の無断複写は著作権法上での例外を除き禁じられています．複写される場合は，そのつど事前に，(社)出版者著作権管理機構（電話 03-3513-6969，FAX 03-3513-6979，e-mail: info@jcopy.or.jp）の許諾を得てください．

カビ相談センター監修　カビ相談センター 高鳥浩介・
大阪府公衆衛生研 久米田裕子編

カ ビ の は な し
── ミクロな隣人のサイエンス ──

64042-7　C3077　　　　　A 5 判 164頁 本体2800円

生活環境（衣食住）におけるカビの環境被害・健康被害等について、正確な知識を得られるよう平易に解説した、第一人者による初のカビの専門書。〔内容〕食・住・衣のカビ／被害（もの・環境・健康への害）／防ぐ／有用なカビ／共生／コラム

福岡県大 松浦賢長・東大 小林廉毅・杏林大 苅田香苗編

コンパクト 公衆衛生学 （第5版）

64041-0　C3077　　　　　B 5 判 152頁 本体2900円

好評の第4版を改訂。公衆衛生学の要点を簡便かつもれなく解説。〔内容〕公衆衛生の課題／人口問題と出生・死亡／疫学／環境と健康／公衆栄養・食品保健／感染症／地域保健／母子保健／産業保健／精神保健福祉／成人保健／災害と健康／他

前岡山大 緒方正名編著

基礎衛生・公衆衛生学 （三訂版）

64034-2　C3077　　　　　A 5 判 208頁 本体3200円

公衆衛生学の定番テキストとして好評の第2版を改訂。〔内容〕公衆衛生概論／人口・保健統計／疫学／感染症／母子保健／学校保健／生活習慣病／高齢者保健／精神保健／産業保健／環境保健／食品衛生／衛生行政・社会保障／保健医療福祉

北村薫子・牧野　唯・梶木典子・斎藤功子・宮川博恵・
藤居由香・大谷由紀子・中村久美著

住 ま い の デ ザ イ ン

63005-3　C3077　　　　　B 5 判 120頁 本体2300円

住居学，住生活学，住環境学，インテリア計画など住居系学科で扱う範囲を概説。〔内容〕環境／ライフスタイル／地域生活／災害／住まいの形／集合住宅／人間工学／福祉／設計と表現／住生活の管理／安全と健康／快適性／色彩計画／材料

前横国大 青木淳一監訳
知られざる動物の世界7

クモ・ダニ・サソリのなかま

17767-1　C3345　　　　　A 4 変判 128頁 本体3400円

節足動物の中でも独特の形態をそなえる鋏角類（クモ，ダニ，サソリ，カブトガニ等）・ウミグモ類のさまざまな種を美しい写真で紹介。ウミグモ，カブトガニ，ダイオウサソリ，ウデムシ，ダニ類，タランチュラ，トタテグモなどを収載。

京大 正田　努監訳
知られざる動物の世界10

毒 ヘ ビ の な か ま

17770-1　C3345　　　　　A 4 変判 120頁 本体3400円

魅力的でありながらも恐ろしい毒ヘビの生態や行動を紹介。キングコブラ，アオマダラウミヘビ，タイガースネーク，パフアダー，ガボンバイパー，ラッセルクサリヘビ，マツゲハブ，マレーマムシ，ヨコバイガラガラヘビ，マサソーガなどを収載。

前農工大 佐藤仁彦編

生 活 害 虫 の 事 典 （普及版）

64037-3　C3577　　　　　A 5 判 368頁 本体8800円

近年の自然環境の変貌は日常生活の中の害虫の生理・生態にも変化をもたらしている。また防除にあたっては環境への一層の配慮が求められている。本書は生活の中の害虫約230種についてその形態・生理・生態・生活史・被害・防除などを豊富な写真を掲げながら平易に解説。〔内容〕衣類の害虫／書物の害虫／食品の害虫／住宅・家具の害虫／衛生害虫（カ，ハエ，ノミ，シラミ，ゴキブリ，ダニ，ハチ，他）／ネズミ類／庭木・草花・家庭菜園の害虫／不快昆虫／付．主な殺虫剤

前高知衛生害虫研 松崎沙和子・大阪製薬 武衛和雄著

都 市 害 虫 百 科 （普及版）

64040-3　C3577　　　　　A 5 判 248頁 本体4500円

わが国で日常見られる都市害虫約170種についてその形態，特徴，生態，被害，駆除法等を多くの文献を示しながら解説した実用事典。〔内容〕都市害虫総論／トビムシ／シミ／ゴキブリ／シロアリ／チャタテムシ／シラミ／カメムシ／カイガラムシ／アブラムシ／カツオブシムシ／コクゾウムシ／シバンムシ／ナガシンクイムシ／甲虫類／ノミ／ガガンボ／チョウバエ／カ／ユスリカ／ミズアブ／ハエ／ガ／ハチ／アリ／ダニ／クモ／ゲジ／ムカデ／ヤスデ／ワラジムシ／ナメクジ／他多数

上記価格（税別）は 2016 年 2 月現在